"十四五"普通高等教育本科部委级规划教材

U0151259

针织毛衫组织设计

裘玉英　编著

中国纺织出版社有限公司

内 容 提 要

本书从针织的基本概念入手，介绍了针织毛衫和针织毛衫用纱的种类、横机的分类及基本操作、针织毛衫组织结构的表示方法及常见组织结构类型和特性等，在此基础上对毛衫各类组织的设计方法进行了概括总结，并结合组织设计实例进行了详细分析。

本书可供各类专业院校的师生使用，也可供毛衫行业的设计师、技术人员、产品开发人员等学习参考。

图书在版编目（CIP）数据

针织毛衫组织设计 / 裘玉英编著 . -- 北京：中国纺织出版社有限公司，2022.3

"十四五"普通高等教育本科部委级规划教材

ISBN 978-7-5180-9247-5

Ⅰ.①针… Ⅱ.①裘… Ⅲ.①羊毛衫—设计—高等学校—教材 Ⅳ.① TS186.3

中国版本图书馆 CIP 数据核字（2021）第 279122 号

责任编辑：魏 萌 郭 沫　责任校对：寇晨晨
责任印制：王艳丽

中国纺织出版社有限公司出版发行
地址：北京市朝阳区百子湾东里 A407 号楼　邮政编码：100124
销售电话：010—67004422　传真：010—87155801
http://www.c-textilep.com
中国纺织出版社天猫旗舰店
官方微博 http://weibo.com/2119887771
北京通天印刷有限责任公司印刷　各地新华书店经销
2022 年 3 月第 1 版第 1 次印刷
开本：787×1092　1/16　印张：10
字数：216 千字　定价：48.00 元

前 言
PREFACE

  毛衫行业作为服装行业的一个重要分支，近些年发展迅速。随着信息化技术的发展，毛衫生产设备越来越科学化和自动化。目前企业生产中广泛应用了全自动编织的电脑横机，市场上也出现了一次编织成型的织可穿设备，促进了毛衫生产的智能化。毛衫款式也由原来的内衣向外衣化、时装化、个性化发展，深受消费者的喜爱。

  毛衫设计有其独特性，其设计是从纱线的选择开始，通过对纱线的合理运用搭配组织结构的设计，再和毛衫造型设计相结合，从而完成创新的毛衫设计。而采用不同的纱线，运用不同的组织结构，即使是相同的款式造型，所编织出的毛衫效果也是不同的。可见，组织结构的设计是毛衫设计的基础，对毛衫设计而言至关重要。毛衫组织结构相关知识也是从事毛衫行业者必备的基础知识，尤其是随着电脑横机在毛衫生产中的应用，组织结构设计越来越多样化，这也对毛衫从业者的专业基础提出了更高的要求。

  为了适应市场发展的需要，不少高校在服装或纺织专业设立了电脑毛衫设计方向，开设了毛衫设计与工艺相关课程，而针织毛衫组织设计则是毛衫设计方向的基础课程，主要培养学生进行毛衫组织设计的能力，也是学生学习后续毛衫类课程的基础。

  本书结合最新的电脑横机相关知识，注重设计与工艺的融合，以针织基础——横机分类与操作——常见毛衫组织——各类效果组织设计方法为主线展开，第一章介绍了针织的基本概念、针织物的基本结构单元及形成原理、毛衫用纱的要求等内容；第二章介绍了横机的分类、手摇横机和电脑横机基本结构和基本操作；第三章介绍了毛衫组织结构的表示方法以及毛衫基本组织、花色组织的编织原理和特性等；第四章概括了毛衫各种效果组织设计的方法，并进行实例分析。全书内容由浅入深，学习中强调理论与实践结合，同时配备了基础知识点的讲课视频，可为毛衫行业从业者和学习者提供一定的参考。

本书在编写过程中得到了浙江爵派尔科技发展有限公司、浙江爵派尔服饰有限公司的大力支持，蒋玲琴女士参与了教材编写并给予了很多指导，在此表示感谢。

感谢历届毛衫方向的学生完成的优秀作品，以及POP服装流行趋势网为教材的编写提供了素材。感谢李梦摇、杨丽两位同学协助进行了图片的整理工作。

本书在编写过程中还参考了很多专家教授出版的著作等，在此一并表示感谢。同时向所有关心、支持和帮助本书写作和出版的朋友们表示感谢。由于编著者水平有限，书中难免存在疏漏和不足，敬请读者批评指正。

编著者

2021年10月

教学内容与课时安排

章（课时）	课时性质（课时）	节	课程内容
第一章 （4课时）		●	**针织概述**
		一	针织物
		二	针织毛衫
		三	针织毛衫用纱
第二章 （4课时）		●	**针织横机**
		一	横机的特点与分类
		二	手摇横机
		三	电脑横机
第三章 （12课时）	理论与实践 （32课时）	●	**针织毛衫常见组织结构**
		一	毛衫组织结构表示方法
		二	基本组织
		三	花色组织
第四章 （12课时）		●	**毛衫组织的设计及实例分析**
		一	凹凸效果组织设计
		二	镂空效果组织设计
		三	图案效果组织设计
		四	其他效果设计
		五	组织设计实例分析

注　各院校可根据自身的教学特色和教学计划对课程时数进行调整。

目 录
CONTENTS

第一章 针织概述

第二章 针织横机

第三章　针织毛衫常见组织结构

第四章　毛衫组织的设计及实例分析

第一章

针织概述

本章知识点

---

1. 针织物的基本结构单元及形成原理。
2. 针织物的主要物理机械指标。
3. 针织毛衫的特点及分类。
4. 针织毛衫用纱的要求及种类。
5. 纱线准备工序的基本原理及方法。

　　毛衫是用毛纱或毛型化纤纱编织而成的针织衣物，又称羊毛衫。毛衫原料适用范围广，翻改品种快，花色品种多，生产工艺流程短，适合小批量、多品种生产，加上近些年电脑横机在毛衫生产中的广泛应用，毛衫产业得到迅速发展，逐渐形成了一批全国著名的毛衫生产基地，如浙江桐乡濮院镇、广东东莞大朗镇、河北清河县、浙江嘉兴洪合镇等。

第一节 针织物

　　针织是指由织针借助于其他的成圈机件，使纱线弯曲成圈，并将线圈相互串套而形成针织物的一种工艺。用针织面料或针织的方法制成的服装统称为针织服装。

　　针织按照编织工艺和机器特点的不同可分为经编和纬编。经编是指将一组或几组平行排列的纱线同时沿经向喂入针织机的所有工作织针上，使纱线同时弯纱成圈并相互串套而形成针织物的一种方法。纬编是指将一根或几根纱线沿纬向喂入针织机的工作织针上，使纱线按顺序弯纱成圈并相互串套而形成针织物的一种方法。针织毛衫织物属于纬编针织物。

一、针织物的基本结构

　　针织物是由织针将纱线形成各种不同的结构单元按一定的规律相互串套、连接而形成的织物，其结构单元有线圈、悬弧和浮线，最基本的结构单元为线圈。一个完整的线圈如图1-1（a）所示，是由圈柱（1—2，4—5）、针编弧（2—3—4）和沉降弧（5—6—7）组成。圈干（1—2—3—4—5）包括圈柱和针编弧，针编弧和沉降弧统称为圈弧，所以又可以说线圈是由圈柱和圈弧构成的。

　　在针织物中，线圈在横向连接的行列称为线圈横列；线圈在纵向串套的行列称为线圈纵行；在线圈横列方向上，两个相邻线圈对应点间的距离称为圈距，一般用A来表示；在线圈纵行方向上，两个相邻线圈对应点间的距离称为圈高，一般用B来表示。针织物有工艺正面和工艺反面之分，线圈圈柱覆盖于线圈圈弧上的一面，称为织物的工艺正面，线圈圈弧覆盖于线圈圈柱的一面称为织物的工艺反面。同时针织物还有单双面之分，线圈圈柱或线圈圈弧集中分布在针织物一面的，称为单面针织物；线圈圈柱或线圈圈弧分布在针织物两面的称为双面针织物。可以看出，集中分布圈柱的一面为工艺正面，集中分布圈弧的一面为工艺反面，如图1-1所示。圈柱或圈弧分布在两面的为双面针织物，如图1-2所示。

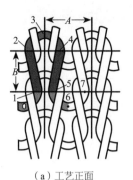（a）工艺正面　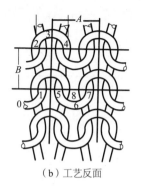（b）工艺反面

图1-1　线圈结构图

A—圈距　*B*—圈高

1—2，4—5—圈柱　2—3—4—针编弧　5—6—7—沉降弧

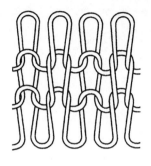

图1-2　双面针织物

二、针织物基本结构单元形成原理

针织毛衫编织的主要设备是横机，其主要的成圈机件包括织针和三角组等。

（一）织针

织针由六个部分构成，如图1-3所示。1为针钩，针钩的作用主要是在成圈过程中钩住纱线，2是针舌销，3是针舌，针舌以针舌销为支点进行上下运动，在成圈过程中打开和关闭针口，4是针杆，5是针踵，6是针尾，在成圈过程中通过针踵与三角组的作用使织针上下运动完成成圈过程。

（二）三角组

如图1-4所示为横机的三角组示意图，织针就是在三角组的作用下上下运动成圈。图中的1和2为起针三角，属于活动三角，其作用是控制织针起针，能垂直于针平面进入或退出工作；3为顶针三角，7为横挡三角，控制织针的退圈高度，控制织针做成圈编织或是集圈编织，顶针三角是活动三角，横挡三角是固定三角，在编织过程中若顶针三角处于打开状态，则织针上升到退圈最高点做成圈运动，若顶针三角处于关闭状态，则织针不能上升到最高点做集圈运动；4和5为成圈三角，又叫弯纱三角，属于活动三角，主要是调节和控制织物的密度，成圈三角位置越往下，线圈越大，密度值越小，反之三角位置越

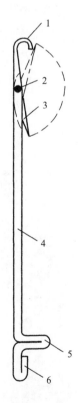

图1-3　织针

003

往上，线圈越小，密度值越大；6为压针三角，属于固定三角，其作用是改变织针的运动方向。

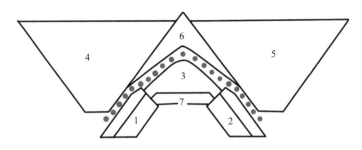

图1-4　三角组示意图

1，2—起针三角　3—顶针三角　4，5—成圈三角（弯纱三角）

6—压针三角　7—横挡三角

（三）基本结构单元的形成

针织物的基本结构单元是通过织针的不同运动方式形成的，其编织原理主要是利用三角组的移动，其斜面作用于织针的针踵上，迫使织针做纵向有规律的升降运动，而旧的线圈则在针杆上做相对运动，推动织针开启或关闭来使线圈形成或脱出。当新的毛纱被放到织针的针舌上后，针舌在旧线圈作用下向上关闭，形成封闭的针口，促使新的毛纱弯曲成新的线圈而与旧线圈串联起来，形成了针织物。其成圈过程一般可分为十个阶段，包括退圈、垫纱、带纱、闭口、套圈、连圈、脱圈、弯纱、成圈和牵拉（图1-5）。

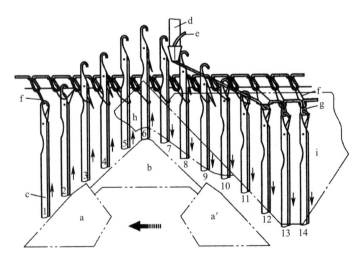

图1-5　成圈过程

a，a′—起针三角　b—顶针三角　c—织针　d—导纱梭嘴　e—新纱线

f—旧线圈　g—新线圈　h—压针三角　i—弯纱三角

1. 退圈

退圈是将处于针钩中的旧线圈移到针杆上，为垫新的纱线编织新的线圈做好准备。织针在起针三角和顶针三角的作用下沿其斜面上升，达到退圈最高点，旧线圈从针舌上退到针杆上，此为退圈阶段，如图1—5中织针1—6的位置。

在退圈过程中，当旧线圈移至针舌尖时，那里织针截面最大，因而线圈在那里张力也最大，对织针压迫产生的变形能最大，织针的反弹力也最大。为了减少毛纱在此处的张力，一般在针杆背部针舌尖对应处挖一凹口（图1—6），以减少针杆和针舌处的截面积，从而减少针舌的变形能。当旧线圈从针舌尖滑到针杆的一瞬间，针舌在变形能的作用下会产生反弹现象，有关闭针口的趋势，使织针垫不上新纱线而产生漏针现象。为了防止漏针的发生，一般在机头上安装毛刷来防止针舌关闭。

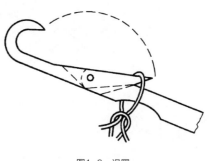

图1-6 退圈

2. 垫纱

垫纱是指纱线通过导纱梭嘴垫放到针钩和针舌尖之间的适当位置，垫纱时的位置如图1—5中织针8所示。为使前后针床织针的垫纱条件相同，喂纱嘴应位于两针床中心线，且高度适中，即不碰针舌，同时避免毛纱垫到剪刀口，左右位置应适应机头左右运动时的垫纱要求。垫纱位置不当，纱线张力过大或过小，都会造成漏针，甚至使编织无法正常进行，边针垫纱失效会形成豁边，成圈过松或纱线露于边外多是由于纱线张力在机头换向时控制失效引起。

3. 带纱

带纱是指将垫放到针舌上的纱线引导到针钩内的过程，这一过程是依靠织针和纱线的相对运动来完成的，带纱阶段如图1—5中的织针9所示。

4. 闭口

闭口是指在织针下降时，针舌在旧线圈的作用下向上翻转关闭针口，使旧线圈和即将形成的新线圈分隔在针舌两侧，如图1—5中的织针10所示。在横机上，当纱线正确地被针钩钩住以后，织针受压针三角的作用，带上新垫上的纱线继续下降，旧线圈沿着针杆滑移，移动到针舌的下面并与其接触，如图1—7

所示，织针2的针舌由于受到旧线圈4的作用，开始绕针舌轴旋转，当织针继续下降时，针舌就封闭了针口，这一阶段称为闭口阶段。

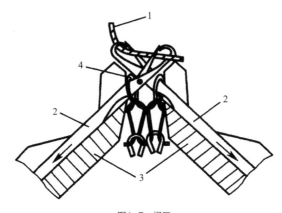

图1-7 闭口

1—新纱线 2—织针 3—针床 4—旧线圈

5. 套圈

套圈是从以旧线圈套到关闭的针舌上开始，然后沿关闭了的针舌移动，移向针钩处的过程，如图1-5中的织针11所示。如图1-8所示，在横机上当针舌关闭后，织针由于受弯纱三角的作用继续下降，旧线圈在牵拉力的作用下与织针做相对运动，沿着关闭的针舌滑移，移向针钩处，这一阶段称为套圈阶段。

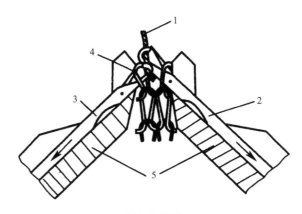

图1-8 套圈

1—新垫入纱线 2—处于套圈开始的织针
3—套圈结束的织针 4—旧线圈 5—针床

6. 连圈

套圈结束后，织针继续沿成圈三角（弯纱三角）下降，当新毛纱与旧线圈相互接触时称为连圈。一般连圈之后新线圈才开始形成，所以那里的旧线圈张力较大。

7. 脱圈

脱圈是旧线圈由针头上脱下，而落到将要弯成圈状线段的新纱线上的过程，如图1-5中的织针12所示。脱圈时旧线圈张力最大，所以毛纱柔软性、针头形状和光滑程度对脱圈的顺利与否影响很大。

8. 弯纱

弯纱是在脱圈后新毛纱被迅速、大量地弯曲的过程。其实横机编织中，没有单独的弯纱阶段，弯纱始于连圈阶段并和脱圈、成圈同时进行。

9. 成圈

成圈即在旧线圈脱出针头后，新垫放的纱线穿过旧线圈达到要求的线圈长度的过程，如图1-5中的织针13所示。在横机上，当旧线圈脱出针头后，织针沿着弯纱三角继续下降，新线圈逐渐增大，直至到达弯纱三角最低端时才完成成圈的过程。线圈的大小由针头与针床口齿间的相对深度（称为弯纱深度）决定。调节弯纱三角上下位置能改变弯纱深度，从而改变织物的线圈长度和密度。弯纱三角越往上，弯纱深度越小，线圈越小，反之弯纱三角越往下，弯纱深度越大，线圈越大。

在脱圈和成圈时，因为新线圈是从旧线圈反面穿向正面的，所以通常情况下毛纱上的杂质和结头等都会被旧线圈挡在织物的反面，单面织物和密度紧的织物尤其如此，这可以保证织物正面的光洁性，但对线圈的均匀性有一定的影响。因此，从脱圈工作开始到成圈工作结束的这个过程是影响织物品质优劣的关键环节。

10. 牵拉

牵拉过程是将已经形成的线圈横列拉向针背，引出编织区域，同时在第二次退圈时将旧线圈拉紧，使其不随织针的上升而上升，从而保证连续成圈的顺利进行，牵拉阶段如图1-5中的织针14所示。

横机的牵拉是由牵拉机构来完成的。牵拉机构有两种，一种是采用定幅梳栉（俗称穿线板）和重锤来完成，另一种是采用罗拉卷取装置来完成。一般自动化程度低的横机如手摇横机采用第一种牵拉形式，自动化程度高的横机如电脑横机采用第二种牵拉形式。横机上的牵拉力是通过所有纵行线圈的圈柱而始终作用在新线圈的圈弧上，因此在生产多列集圈的凹凸织物、空心织物时，由于有部分织针聚集较多的线圈，使某些纵行线圈产生受力过大或过小的现象，从而使织物变形或内部集圈处纱线断裂等不良现象出现，所以在编织此类织物时，应选用弹性或延伸线较大的纱线。另外，牵拉力的大小应根据纱线情况、织物组织及密度等来决定，在保证正常编织的前提下，牵拉力越小越好。

一般横机的成圈过程周期至此结束，以后开始重复循环。横机成圈过程的十个阶段紧密相连，这是由成圈过程的本质所决定的。

（四）针织物基本结构单元的类型

形成针织毛衫组织结构的基本结构单元有三种类型，主要是通过横机机头内的三角组来控制织针分别做成圈运动、集圈运动和不编织运动，形成对应的结构单元为线圈、悬弧和浮线，如图1-9所示。

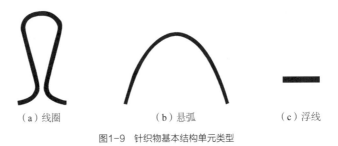

（a）线圈　　　　　（b）悬弧　　　　　（c）浮线

图1-9　针织物基本结构单元类型

图1-10所示为织针的三种走针轨迹。如图1-11（a）所示为成圈运动，织针沿着起针三角和顶针三角上升退圈到最高点，旧线圈退到针杆上，垫入新纱线成圈形成线圈。如图1-11（b）所示为集圈运动，织针上升退圈但是没有上升到退圈最高点，旧线圈还停留在针舌上，垫入新纱线集圈形成悬弧。如图1-11（c）所示为不编织运动，织针没有上升退圈，旧线圈还是停留在针钩内，从而形成浮线。

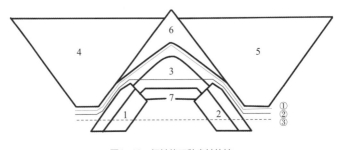

图1-10　织针的三种走针轨迹

①—成圈运动轨迹
②—集圈运动轨迹
③—不编织运动轨迹

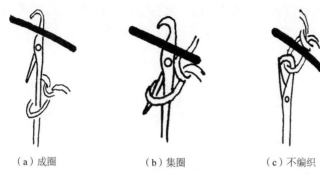

（a）成圈　　　　　　（b）集圈　　　　　　（c）不编织

图1-11　不同编织运动旧线圈的位置

如图1-12所示为三种基本结构单元的形成过程。

（1）成圈（线圈）：如图1-12（a）所示，织针1和织针3沿成圈运动轨迹上升到最高点，这时旧线圈移到了针杆上完成退圈。当织针1和织针3下降时新纱线弯曲并穿过旧线圈，形成一个新的线圈。

（2）不编织（浮线）：如图1-12（a）所示，织针2没有沿起针三角上升，停留在原来的起针位置上，这样新纱线只能被升起的织针1和织针3钩取，当织针下降新纱线弯曲并穿过旧线圈形成新线圈时，织针1和织针3之间的新纱线就以浮线的形式配置在织针2拉长的旧线圈之后。

（3）集圈（悬弧）：如图1-12（b）所示，织针1和织针3编织正常线圈，织针2的上升高度低于正常成圈时的高度（只达到了集圈高度），旧线圈不能完全

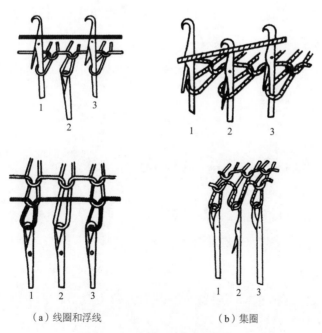

（a）线圈和浮线　　　　　　（b）集圈

图1-12　三种基本结构单元的形成过程

退圈，仍然挂在针舌上，新纱线已经能够被织针2钩取。当织针2下降时，新纱线弯曲但不会与旧线圈发生串套，只能以悬弧的形式配置在织针2拉长的旧线圈针编弧后面，在织针2上就形成了一个集圈悬弧。

三、针织物的主要物理机械指标

（一）线圈长度

线圈长度是指构成每一只线圈的纱线长度，由圈干和沉降弧组成，一般以毫米（mm）为单位。

线圈长度的近似计算和测量方法主要有三种：

（1）按线圈在平面上的投影长度进行计算。

（2）用拆散的方法求其实际长度，即数出100只线圈，拆散后测量其长度，然后求其平均值。

（3）在编织过程中用仪器实测线圈长度。

线圈长度是针织物的一项重要物理指标，不仅影响织物的密度，而且对织物的脱散性、延伸性、弹性、透气性、抗起毛起球、勾丝性等均有很大的影响。

（二）密度

密度是用来表示纱线线密度相同条件下针织物的稀密程度，指织物在规定的长度内的线圈数，通常采用横向密度、纵向密度和总密度来表示。

1. 横向密度

横向密度（简称横密）是指在线圈横列方向规定长度（100mm）内的线圈纵行数，可用下式计算：

$$P_A = \frac{100}{A} = \frac{n}{L} \times 100$$

式中：P_A——横向密度，线圈数／100mm；

A——圈距，mm；

n——规定长度内的线圈纵行数；

L——线圈横列方向规定长度，mm。

2. 纵向密度

纵向密度（简称纵密）是指在线圈纵行方向规定长度（100mm）内的线圈横列数，可用下式计算：

$$P_B = \frac{100}{B} = \frac{n}{L} \times 100$$

式中：P_B——横向密度，线圈数／100mm；

     B——圈高，mm；

     n——规定长度内的线圈横列数；

     L——线圈纵行方向的规定长度，mm。

3. 总密度

总密度表示在规定面积（100mm×100mm）内的线圈数，用P来表示，可用下式计算：

$$P = P_A \times P_B$$

在纱线线密度不变的情况下，P_A越大，则织物横向越紧密；P_B越大，则织物纵向越紧密；P越大，则织物总体越紧密。

（三）未充满系数

未充满系数表示织物在纱线线密度不同条件下的稀密程度，数值越大，说明织物越稀疏。可用下式表示：

$$\delta = \frac{l}{d}$$

式中：δ——未充满系数；

     l——线圈长度，mm；

     d——纱线直径，mm。

（四）单位面积标准重量

单位面积标准重量是考核针织物的一项重要指标，它是指在公定回潮率时织物单位面积的重量，可用下式表示：

$$G_K = 10^{-4} P_A P_B l T_t = \frac{0.1 P_A P_B l}{T_m}$$

式中：G_K——单位面积标准重量，g/m；

     l——线圈长度，mm；

     T_t——纱线线密度，tex；

     T_m——纱线的公制支数，公支；

P_A——横密，线圈数/100mm；

P_B——纵密，线圈数／100mm。

（五）厚度

针织物的厚度取决于组织结构、线圈长度和纱线线密度等因素，可用测厚仪直接测得。

（六）脱散性

脱散性是指织物中的纱线断裂或线圈失去串套联系后，线圈和线圈相分离的现象。当纱线断裂后，线圈沿断裂处纵行脱散下来，就会使织物的强力和外观受到影响。织物的脱散性与其组织结构、纱线摩擦系数、织物的未充满系数和纱线的抗弯刚度、强度等因素有关。

（七）卷边性

在自由状态下，针织物布边发生包卷的现象称为卷边性。这是因为线圈中弯曲纱线具有内应力，力图伸直而引起的。卷边性与织物的组织结构密切相关，不对称的组织、单面组织常发生卷边。利用织物的卷边性可以进行产品设计，卷边性既有有利的一面，又有不利的一面。

（八）弹性

弹性指当引起变形的外力去除后，织物恢复原状的能力。弹性与织物的组织结构、纱线的弹性、摩擦系数等有关。

（九）缩率

缩率指织物在加工或使用过程中长度和宽度的变化，可用下式表示：

$$Y = \frac{H_0 - H}{H_0} \times 100\%$$

式中：Y——织物缩率；

H_0——织物在加工或使用前的尺寸，cm；

H——织物在加工或使用后的尺寸，cm。

缩率可正可负，如横向收缩而纵向增长，则横向缩率为正，纵向缩率为负，即正值表示缩短，负值表示增长。

（十）钩丝

毛衫织物在服用过程中，如碰到坚硬的物体，织物中的纤维或纱线就会被钩出或钩断，在织物表面形成丝环或丝球，称为钩丝。

（十一）起毛起球

在穿着和洗涤过程中不断经受摩擦，针织物中的纤维就会被磨断或抽出而突出于织物表面，形成毛茸，称为起毛。若这些毛茸不能及时脱落而相互纠缠在一起，就会在织物表面上形成纤维团，即球形小粒，若不能及时脱落，就会停留在织物的表面，称为起球。

第二节　针织毛衫

一、针织毛衫的特点

（一）适应原料性较广

羊毛、羊绒、羊仔毛、兔毛、驼毛、马海毛、牦牛毛和化学纤维以及各种混纺纱等纺织原料均可用来编织毛衫。随着科学技术的发展，一些新型纤维如天丝纤维、大豆纤维、牛皮纤维、珍珠蛋白纤维、牛奶纤维等也广泛应用于毛衫生产中。

（二）具有很好的延伸性和弹性，穿着舒适

针织毛衫由线圈相互串套而成，织物中线圈的排列具有较大的空隙，受到外力的作用后线圈容易发生变形，从而使织物具有较好的弹性和延伸性，穿着后能满足人体各部位的弯曲、伸展，穿着贴体、舒适随意，没有拘紧感，可充分体现人体曲线。

（三）质地柔软，透气性和保暖性好

针织毛衫的线圈结构能保存较多的空气，因而透气性和保暖性较好，且手

感柔软，穿着舒适。

（四）抗皱性好

针织毛衫织物由线圈串套而成的特别方式，使得纱线受力点不同，所以不易产生压折现象，因此相比机织物来说针织物的抗皱性更好。

（五）款式新颖，花色品种繁多

电脑编织具有强大的翻针和花型编织功能，使得针织毛衫的款式越来越新颖，花色品种也越来越丰富，毛衫已由单纯的内衣向外衣化、时装化、系列化发展。

二、针织毛衫的分类

针织毛衫花色品种很多，类型也非常广，很难以单一形式进行分类，一般可根据原料、纺纱工艺、织物组织结构、产品款式、编织机械、修饰花型、整理工艺等进行分类。

（一）按原料分类

（1）纯毛类织物：羊毛、羊绒、羊仔毛（短毛）、驼绒毛及兔毛等纯毛织物。

（2）混纺纯毛织物：由两种或两种以上纯毛混纺和交织织物，如驼毛/羊毛、兔毛/羊毛、牦牛毛/羊毛等。

（3）各类纯毛与化纤混纺交织织物：羊毛/化纤（毛/腈、毛/锦、毛/黏胶）、马海毛/化纤、羊绒/化纤、羊仔毛/化纤、兔毛/化纤和驼毛/化纤等。

（4）纯化纤类织物：用腈纶、涤纶和弹力锦纶、天丝纤维、莫代尔纤维和大豆纤维等纯化纤原料编织等。

（5）化纤混纺织物：用腈纶/涤纶、腈纶/锦纶等纯化纤原料混纺或交织的织物。

（二）按纺纱工艺分类

（1）精纺类：由精纺纯毛、混纺或化纤纱编织成的各种产品，如精纺羊毛衫、精纺毛/腈衫等。

（2）粗纺类：由粗纺纯毛或混纺毛纱编织成的各种产品，如兔毛衫、羊绒衫、羊仔毛衫、驼毛衫等。

（3）花式纱类：由双色纱、大珠绒、小珠绒等花式针织绒线编织成的产品，如大珠绒衫、小珠绒衫、圈圈衫等。

（三）按织物组织结构分类

针织毛衫所用的织物组织结构主要有纬平针、罗纹、双反面、提花、移圈、扳花（波纹）、添纱、集圈以及各类复合组织等。

（四）按产品款式分类

针织毛衫的款式主要有开衫、套衫、背心和裤子，女式、童式的裙类和童套装（帽、衫、裤），以及各类外衣、围巾、披肩、帽子和手套等产品。

（五）按编织机械分类

针织毛衫按编织机械分为圆机产品和横机产品两种。

（1）圆机产品：指用圆型针织机先织成圆筒形坯布，然后裁剪加工缝制成的毛衫。圆机速度快，产量高，但需通过裁剪形式来获得所需的形状和尺寸。因裁剪损耗大，一般采用低档原料编织。

（2）横机产品：指用横机编织成衣坯后，再经加工缝合制成的毛衫。横机可采用放针和收针工艺来达到各部位所需的形状和尺寸，不需通过裁剪就可成衣，既节约原料，又减少工序，花型变化多，翻改品种方便，多用来编织以动物纤维为原料的高档产品。

（六）按修饰花型分类

针织毛衫的修饰花型主要有绣花、扎花、贴花、印花、珠绣、扎染等。

（七）按整理工艺分类

针织毛衫的整理工艺主要有拉绒、轻缩绒、重缩绒、各种特殊整理等。功能性整理如抗菌防臭、防辐射、防紫外线、抗静电、防污自洁等。

针织毛衫除了按上述几种方法分类外，还可以按照消费者的性别、年龄和服装档次来进行分类。

第三节 针织毛衫用纱

一、针织毛衫用纱的要求

在毛衫生产过程中，毛纱的结构、性质和质量方面的任何缺陷，都会直接影响整个生产过程和产品的内在和外在质量。为了保证毛衫的正常生产和产品质量，通常在以下几个方面对毛纱提出要求。

（一）线密度偏差和条干均匀度

线密度偏差与纱线的条干均匀度是纱线的重要品质指标，应控制在一定范围内，否则，纱线过粗、过细和条干不均匀都会使纱线的强力降低，编织时增加断头数量和停台时间，并产生重量偏差，影响织物外观质量。同时，重量偏差还会使毛衫织物产生单位面积重量偏差，因此，必须严格控制毛纱的线密度偏差和条干均匀度，以提高毛衫产品的内在与外观质量。目前规定精纺毛纱的重量偏差为＜-4％，粗纺毛纱的重量偏差＜-5％，在实际生产过程中对高、中、低档羊毛衫产品具有不同的质量要求。

（二）捻度和捻度不匀率

毛衫生产中所用的毛纱捻度是影响生产的重要因素。捻度是表示纱线单位长度内所具有的捻回数，加捻是单纤维形成纱线的必要条件。一般情况下，纱线的捻度越大，纱线的强力越大，但毛衫生产用纱要求纱线柔软、光滑，而粗纺纱编织成毛衫后一般需经缩绒处理，故要求捻度低些。捻度也不是越大越好，捻度过大反而会使纱线强力下降，而捻度过小会使纱线强力不足，增加断头率，因此捻度必须适当且均匀。

（三）断裂强力和断裂伸长及不匀率

毛纱的强力直接影响生产过程的顺利进行和成品的穿着牢度，如果强力不足、强力不均匀率高、断裂伸长率低，在编织过程中纱线断裂，织物产生破洞，影响产品质量。一般要求精纺纯毛纱的断裂长度大于5200m，精纺混纺纱及化纤纱的断裂长度大于9500m。

（四）回潮率

回潮率对毛纱的质量（如毛纱的柔软度、导电性、摩擦性能等）和生产以及产品成本等影响较大。回潮率过低，会使纱线变硬、脆，腈纶等合纤纱会因导电性能的降低而产生明显的静电现象，降低了纱线的工艺性，使其难于进行编织；回潮率过大，则毛纱强力降低，毛纱与成圈机件之间的摩擦力将增加，使毛衫编织机的负荷增加，所以回潮率的控制与毛纱质量和生产等关系密切。一般采用在标准状态下（温度20±3℃，相对湿度65%±5%）毛纱的回潮率（即公定回潮率）来对其回潮率进行统一的规定。毛衫所用原料的公定回潮率为：纯毛针织绒线15%，棉纱8.5%，亚麻纱12%，绢纺蚕丝11%，腈纶2%，涤纶及长丝0.4%，混纺毛纱的公定回潮率按混纺原料的比例计算而得。

（五）染色的均匀性、色牢度

毛衫染色的均匀与否对毛衫产品的质量好坏具有十分重要的意义。如果染色不均匀，则成衣后会产生色花、色档等，将直接影响产品的外观质量。因此，对毛衫用纱的色差，一般规定不低于三级标准。为了使毛衫在服用过程中日晒和水洗时不易脱色，对毛衫的染色牢度一般也有要求；同时为了提高染色的均匀性，可采用成衣染色。

（六）柔软性与光洁度

毛纱的柔软性与光洁度影响毛衫的编织过程。柔软光洁的毛纱，易于弯曲和成圈，编织阻力较小；柔软性和光洁度差的毛纱，编织阻力较大。因此，在编织前要对毛纱进行上蜡处理，使毛纱更加光滑。

二、针织毛衫用纱的种类

（一）编结绒线

编结绒线又称手编绒线或毛线，是指股数为两股或两股以上，但合股线密度在167tex以上（6公支以下）的绒线，除用于手编用途外，也可用于粗机号横机编织羊毛衫、羊毛裤。其中400tex以上（2.5公支以下）者称为粗绒线，400～167tex（2.5～6公支）称为细绒线。

（二）精纺绒线与粗纺绒线

精纺绒线指的是用纤维平均长度在75mm以上的羊毛或毛型化纤经精梳毛纺系统加工而成的绒线，又称精梳绒线。精纺绒线条干均匀，光洁度高、强力高，宜生产布面平整、纹路清晰的针织毛衫产品，在绒线总产量中占有较大比重。

用平均长度为55mm左右的毛型纤维经粗梳毛纺系统纺制而成的绒线称粗纺绒线，又称粗梳绒线，它含有较多的短纤维，纱中纤维平行伸直度差，所以条干均匀度差，强力较低。粗纺绒线的原料以羊毛和毛型化纤为主，并大量使用山羊绒、驼绒、兔毛和精梳短毛。除此之外，还有使用马海毛、兔毛为原料的粗纺绒线。粗纺绒线主要用于横机毛衫产品，经缩绒整理后产品毛感强，手感柔软，布面丰满、蓬松，保暖性好，穿着舒适，风格独特，深受消费者的喜爱。

（三）半精纺绒线

采用棉纺技术与毛纺技术融合，形成一种新型的多组分混合半精纺工艺纺制的绒线，称半精纺绒线。半精纺绒线的原料涵盖了从山羊绒、羊毛、兔毛、绢丝、棉、麻等天然纤维，大豆蛋白纤维、牛奶蛋白纤维、竹纤维、黏胶纤维等再生纤维以及涤纶、腈纶、锦纶等合成纤维；可实现棉、毛、丝、麻等天然纤维及与其他再生纤维、合成纤维多组分混纺，做到优势互补、突显个性。随着毛衫向外衣化、个性化、高档化发展，半精纺绒线越来越多地被应用于毛衫生产中。

（四）针织绒线

针织绒线是指线密度在167tex以下（6公支以上）的单股或双股专供针织横机加工使用的绒线（有人习惯称其为开司米毛线），是毛衫使用量最大的纱线。针织绒线又分精纺针织绒线、粗纺针织绒线、合纤针织绒线及特种针织绒线，如图1-13所示。

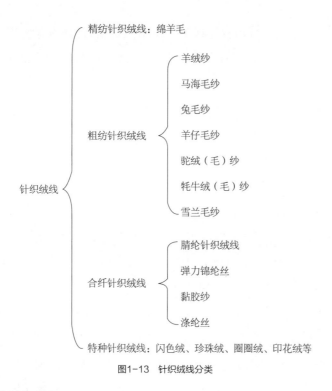

图1-13 针织绒线分类

1. 精纺针织绒线

精纺针织绒线又称精纺（针织）毛纱，精纺针织绒线多在50tex以下（20公支以上），有合股纱线、单纱或多根纱线。它的基本原料是绵羊毛，纤维细而长，卷曲度高、鳞片较多，具有较高的纤维强度和良好的弹性、热可塑性、缩绒性等，此类毛衫一般不经缩绒处理，产品布面平整、挺括、纹路清晰，手感柔软，表面丰满。

2. 粗纺针织绒线

粗纺针织绒线又称粗纺（针织）毛纱，粗纺针织绒线多在62.5tex（16公支）左右，有合股纱、单纱或双纱，大部分是用较短的绒毛类纤维纺制而成。常用的纱线有羊绒纱、马海毛纱、兔毛纱、羊仔毛纱、驼绒（毛）纱、牦牛绒（毛）纱、雪兰毛纱等。

（1）羊绒纱：从山羊身上梳抓长毛之下覆盖的细密绒毛为原绒，经分梳除去粗毛皮屑等杂质后所得的纯细净绒为羊绒，经特殊纺纱系统纺制而成的纱。羊绒纤维无髓，有不规则弯曲，弯曲数比细羊毛少，相对密度小、富有弹性，纤维表面鳞片少，对酸碱和热反应比细羊毛敏感，公定回潮率与羊毛相似，纤维平均长度在3.5～4.5cm，直径为14.5～16μm，较细羊毛短细得多。羊绒具有轻、暖、柔、糯、滑、光泽好等其他纤维所不及的特性，素有纤维之王、软黄金、纤维宝石等美称，其产量不到世界羊毛总产量的1%，是珍贵的毛衫原料。羊绒具有天然颜色，如白绒、青绒（青色羊的白绒带有色毛）、紫绒（黑色羊的深紫或浅紫绒毛），其中白绒洁白如玉，青如云，最为名贵。目前开发的高级精品细羊绒针织面料，以其轻薄、柔暖、滑糯、保暖、无比舒适的服用性和高雅独特的风格，被用来制作高档毛衫精品。

（2）马海毛纱：用马海毛（Mohair，又称安哥拉山羊毛）经毛纺系统纺制而成的纱。马海毛纤维较长，属粗绒异质毛，带有特殊的波浪弯曲，有天然白色、褐色两种，光泽明亮弹性好，手感软中有骨，原毛较洁净，但纤维抱合力较差。马海毛纱宜做蓬松羊毛衫，毛衫成衫后一般经缩绒处理，也有用拉绒整理的，以显示表面有较长光亮纤维的独特风格。

（3）兔毛纱：兔毛一般是长毛兔身上剪下的，有绒毛和粗毛之分，纤维洁白、光泽好、纤细、蓬松、柔软，保暖性好，但抱合力差，强力低，纺纱性和缩绒性都较差，不宜用作纯纺，多采用兔毛/羊毛混纺成纱。兔毛衫经缩绒处理后具有质轻、绒浓、丰满糯滑的特色。兔毛有普通兔毛和安哥拉兔毛两种，以安哥拉兔毛质量为好。安哥拉兔毛纯白，长度长，富有光泽，粗毛很少，是高级兔毛衫的主要原料。

（4）羊仔毛纱：羊仔毛又称羊羔毛。羊仔毛毛细、短、软，精梳羊毛梳下的短毛（长度约30mm，品质支数64支）也可代用，常与散毛（长度25～40mm，品质支数58～60支）、羊毛、羊绒、锦纶等混纺成粗纺羊仔毛纱，编织的羊仔毛衫毛感较强而且柔软，蓬松，弹性好。羊仔毛衫经过缩绒及绣饰处理后深受广大消费者喜爱。

（5）驼绒（毛）纱：驼绒纱是用从骆驼身上用梳子采集的绒毛经毛纺系统纺制而成的纱。驼绒的平均直径为14.5～23μm，平均长度为40～135mm，带天然的杏黄、淡棕色。骆驼主要有单峰和双峰两个品种，双峰驼绒毛品质最佳，单峰驼绒毛产量不多，我国生产的骆驼毛（绒）品质一般分为三种：头路绒纤维细长，光泽好，天然颜色有杏黄、棕红、银灰色和白色等；二路绒毛虽细长，但光泽稍差，色泽不正，并呈褐色、深红色，或虽有头路驼绒毛的光泽，但纤维粗短并有黑色粗毛；三路绒毛绝大多数是毛，含有少量的黑色、白色的二路绒毛。驼绒缩绒性较差，性质与山羊绒毛相近。驼绒纱是毛衫常用的原料，具有蓬松、质轻、柔软、保暖性好等优点。

（6）牦牛绒（毛）纱：牦牛绒纤维细长，含绒量不低于70%，性能与羊毛相似，牦牛绒毛衫是名贵产品。牦牛是高山草原特有的家畜，我国牦牛数目占世界牦牛数目的85%以上。

（7）雪兰毛纱：又称雪特莱毛，原产于英国，含少量粗毛，多用于粗纺毛衫，产品手感柔软、富有弹性、光泽好，宜做粗犷风格的毛衫。

粗纺针织绒线的共性主要是强度低、条干均匀度差、纺纱线密度较大，以生产男女开衫、套衫、背心等产品为主。

3. 合纤针织绒线

（1）腈纶针织绒线：聚丙烯腈纤维（毛型）纺纱后经蓬松加工成为腈纶膨体纱（俗称腈纶开司米），也可为不膨体的正规腈纶纱。其染色牢度好，颜色鲜艳，富有光泽，保暖性好，且不易虫蛀，是价廉物美的毛衫原料。

（2）弹力锦纶丝：毛衫使用的多为锦纶66长丝，经加热假捻后成为弹力锦纶丝，体积质量轻，弹性好，耐腐蚀，不易虫蛀，但耐光性差。

（3）黏胶纱：又称人造丝、亮丝，表面光滑，反光能力强，染色性能好，耐热吸湿，与天然棉纤维相近，又称人造棉；但该纤维湿强力较低，缩水率大，易变形，弹性与保暖性较差，用黏胶与羊毛混纺制成的精纺黏/毛混纺绒线多用于毛衫、毛裤编织。

（4）涤纶丝：涤纶弹力丝、涤纶短纤纱用作毛衫编织的数量较少，较多的是涤/毛混纺纱应用于毛衫编织。

4. 特种针织绒线

特种针织绒线品种较多，有闪色绒、珍珠绒、圈圈绒、印花绒等，它们的产量较少，除用作妇女、儿童衣着用纱外，有的品种专供手工绣饰之用。

（五）棉、真丝、麻等纱线

用来编织较新型的毛衫产品，有真丝衫、毛麻衫等夏装。

三、针织毛衫用纱的质量鉴别

（1）看颜色。毛纱的颜色要鲜明，红的要鲜红，绿的要碧绿，不能有深、有浅或半色。

（2）看色泽。色泽要光彩夺目、柔和，既不能暗淡无光，又不能刺眼，无色斑和色差。

（3）看条干。单股和合股毛纱的条干，应松、圆、均匀，没有松紧捻，毛纱接头要少，没有大肚纱。

（4）看光洁。表面一定要有整齐的光绒，逆向绒毛要少。

（5）看手感。用手捏紧毛纱时，应柔软中带有刚性，丰满中感到厚实；拉紧放手后，回弹性能好。

（6）用火烧。不同成分的毛纱火烧后的状态有所不同，各种编织纱线的燃烧特征见表1-1。

表1-1　各种编织纱线的燃烧特征

品名	燃烧特征
羊毛	燃烧不快，火焰小，发出蓝色火焰，离火即熄，燃烧时散发出强烈的烧头发的气味，灰烬呈弯曲的黑褐色块状，无残留硬块
棉	燃烧快，产生黄色火焰，有蓝烟，燃烧时散发出烧纸的气味，灰烬为深灰色粉末
蚕丝	燃烧慢，燃烧时弯曲成一团，发出火焰，发出如烧头发一样的气味，剩余物形成黑褐色小球，用手一弹就碎
腈纶	燃烧时缓慢收缩熔化，徐徐发出火焰，有特殊臭味，灰烬为不定型黑褐色硬块
锦纶	燃烧时就熔化，有白烟没有火焰，发出特殊臭味，剩余物如玻璃状光亮的圆珠
涤纶	燃烧时就熔化，有白烟没有火焰，无特殊臭味，剩余物如玻璃状光亮的圆珠

各种毛纱的性能不同，各有优劣。纯毛毛纱质地柔软，保暖性能好，分量轻，但羊毛的抗断裂强度小，毛纱易断。混纺毛纱除具有羊毛纱线的一些优点外，抗断裂强度比羊毛纱线高1.2~5倍，重量比羊毛轻10%；用它织成毛衫，比用纯毛毛纱织的毛衫耐穿，经济实惠。纯腈纶毛纱分量轻，颜色鲜明，价格便宜，虽然易脏，但好洗易干。

四、编织前准备工序

工厂购买的毛纱大部分呈绞纱状态，绞纱是不能直接上横机编织的，而且绞纱上还存在各种疵点和杂质，会影响毛衫织物的品质及外观；若毛纱表面摩擦系数较高，易产生静电且不易弯曲，也会影响编织的正常进行。因此编织前必须要通过准备工序即络纱处理，对毛纱进行重新卷绕，并尽可能消除毛纱表面影响织物外观的疵点和杂质，改善毛纱的上机编织性能，以使其达到毛衫用纱的要求。

（一）络纱的目的

在络纱过程中对毛纱进行消除疵点和加润滑处理，目的是将绞纱络成符合毛衫生产的具有一定卷装形式和容量的筒子纱。利用络纱机上的清纱装置清除毛纱表面的杂质和疵点，如毛皮、草屑、粗细结、大肚纱等外来杂质。利用上蜡或给油装置对毛纱上蜡或给油，以改善毛纱的光滑度。络纱对毛纱的处理情况将直接影响毛衫产品的产量与质量。

（二）络纱的工艺要求

（1）毛纱的卷装形式应适合毛衫生产的需要，尽量增大筒子的卷装容量，并保证毛纱在编织过程中能够顺利退绕。

（2）改善毛纱的上机编织性能，使之清洁、光滑、柔软。

（3）络纱时张力应均匀稳定，毛纱退绕时的速度要保持均匀。

（4）络纱后毛纱原有的物理机械性能不能有明显的改变。

（5）毛纱的结头应小而牢固，保证编织的顺利进行。

（6）去除毛纱各种疵点的同时不能产生新的疵点，如卷装成形不良、油渍等。

（7）在络纱过程中操作要合理规范，尽量减少工艺过程中的回丝，避免浪费。

（三）筒子卷装形式

毛衫生产中常用的筒子卷装形式有圆柱形筒子和圆锥形筒子两种，如图1-14所示。

1. 圆柱形筒子

圆柱形筒子形状如图1-14（a）所示，纱线一层层地绕在圆柱形筒管上，纱层厚度相等，筒子上下两个端面略有倾斜。其优点是卷装容量大，但在退绕时纱线张力波动较大。这种筒子主要用于络涤纶低弹丝和锦纶低弹丝等化纤原料。

2. 圆锥形筒子

圆锥形筒子是毛衫生产中采用较广的一种卷绕形式。退绕条件好，容纱量较大，生产效率比较高。在毛衫生产中采用的圆锥形筒子，有下列两种：

（1）等厚度圆锥形筒子：如图1-14（b）所示，其锥顶角和筒管的锥顶角相同，纱层截面积呈长方形，上下层间没有位移。卷绕方式属于交叉卷绕，卷绕在筒子上的各纱层间纱圈交叉角较大，故纱层间纱圈的卷绕更加稳固，滑动现象少，并能防止一层中的纱线嵌入另一层纱线的缝隙中间的现象，改善了纱线在加工过程中退绕的条件，保证了纱线在编织机上能很好地加工。这种筒子卷绕速度快、自动化程度高、操作简便、生产效率高、纱层不易脱落、退绕容易且退绕张力均匀、运送方便、筒子容纱量也较大，被大量应用于毛衫生产中，成为络各种毛纺纱、半精纺纱、棉纱等的主要卷装形式。

（2）三截头圆锥形筒子：如图1-14（c）所示，三截头圆锥型筒子又称菠萝形筒子，纱层依次从两端缩短，除了筒子中部呈圆锥形外，两端也呈圆锥形状，筒子中部的锥顶角等于筒管的锥顶角。这种筒子退绕条件好，退绕张力波动小，主要用于各种长丝，如化纤长丝、真丝等的络纱。

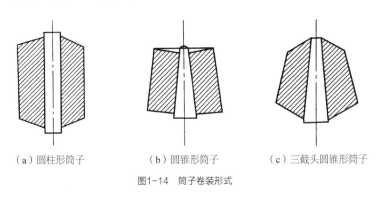

（a）圆柱形筒子　　（b）圆锥形筒子　　（c）三截头圆锥形筒子

图1-14　筒子卷装形式

（四）络纱机械

络纱环节主要由络纱机来完成。络纱机的主要工作机构包括：卷绕机构，其作用是使筒子回转以卷绕纱线；导纱机构，引导纱线有规律地分布于筒子表面；张力装置，给纱线一定张力，使卷绕紧密而均匀；清纱装置，主要是检查纱线的粗细，清除附在纱线上的杂质疵点等；此外还有动力机构、传动装置、退绕机构和机架等部分。

毛衫生产中常用的络纱机是槽筒式络纱机，槽筒式络纱机的种类很多，我国毛衫生产中多采用1332P型槽筒式络纱机，该机络取筒子纱时的工艺简图如图1-15所示。由图1-15中可看出，纱线由纱管1引出，经过导纱眼2，然后进入张力器3中获得大小一定的稳定张力，随后通过清纱器4以清除纱线的表面疵点，最后纱线通过槽筒6上的槽道被卷绕到筒子7上，形成圆锥形筒子。这种络纱机的生产率较高，卷绕速度均匀，卷绕在筒子上的毛纱张力较为稳定，自动化程度高，操作简便，具有断纱自停装置。槽筒式络纱机络取绞纱时的工艺筒图如图1-16所示。

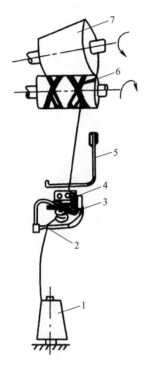

图1-15 槽筒式络纱机——络筒子纱

1—纱管 2—导纱眼 3—张力器
4—清纱器 5—张力架
6—槽筒 7—筒子

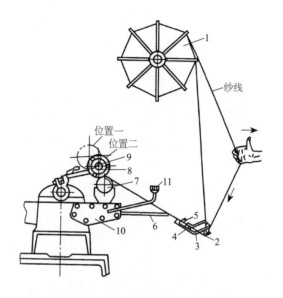

图1-16 槽筒式络纱机——络绞纱

1—纱框 2—导纱眼 3—张力架 4—张力器
5—清纱装置 6—探杆 7—胶木槽筒 8—筒管
9—弹簧锭芯 10—断纱自停箱 11—开关手柄

思 考与练习

1. 何谓针织？

2. 一个完整的线圈由哪几部分构成？

3. 针织物的基本结构单元有哪几种？是如何形成的？

4. 针织毛衫用纱线有哪些要求？

5. 络纱的目的是什么？

6. 购买纱线进行络纱练习。

第二章

针织横机

📖 **本章知识点**

---

1. 横机的分类方法。
2. 手摇横机的基本结构及基本操作。
3. 电脑横机的基本结构及基本操作。

第一节　横机的特点与分类

随着生活水平的整体提高，人们对毛衫的花色品种要求越来越高。由于横机具有小批量、多品种生产的优点，因此横机在毛衫编织中的应用越来越广泛，成为毛衫生产的主要设备。

一、横机的特点

（一）可随时消除疵点，损耗少

当在编织毛衫过程中产生疵点，可以随时在机上消除疵点，或根据织物的脱散性，将织物的疵点部分拆掉，重新编织而得到完好的衣片，因此原料损耗较少，特别适宜用于编织价格较高的全毛毛衫。

（二）全成形工艺

横机的编织从纱线开始，可由纱线直接编织成成形的衣片，不需要裁剪，可用全成形工艺生产各种款式新颖别致的羊毛产品，如各式衫、裤、裙、帽、手套、围巾、披肩、书包等。

（三）原料适用性广

可以适应于各种原料，编织不同结构、不同组织、色彩鲜艳的花色织物。

（四）织物品种变换快

横机对织物宽度变化的适应性较强，不仅能织制成形衣片，还能织制管状织物、匹头坯布及其他要求的织物，同时可以按照工艺曲线，用增、减针数的手段来编织与人体线条相适应的织物。

（五）易操作

操作简单，掌握编织技术容易，保养维修和改变品种方便。

伴随机械电子工业的发展，编织技术的进步，针织横机逐步走向自动化、现代化，出现了能够自动翻针、放针、拷针或收针，自动换梭，自动调节密度，自动改变组织结构，自动调幅等形式的各种电脑横机，还出现了可一次编织成形的织可穿技术，如日本岛精公司推出的SWG-MACH2X型四针床电脑横机，德国斯托尔公司CMS830C和CMS730S双针床"织可穿"机和CMS730T四针床织可穿机等，大幅提高了产品质量和生产效率。

二、横机的分类

横机的种类很多，由于机器的结构形式、编织的成圈机构、针床机号及编织的织物组织等的不同，可作如下分类：

（一）按横机的形式分

按横机的形式可分为手摇横机、半自动机械横机、全自动机械横机、半自动电脑横机、全自动电脑横机等。手摇横机又可分为平机型横机、单面二级横机、双面三级横机、提花横机、休止横机、嵌花横机。

（二）按横机针床的机号分

按横机针床的机号可分为粗机号（低机号）与细机号（高机号）横机。

各种类型的针织横机均以机号来表示其针的粗细和针距的大小，因此针织横机的机号在一定程度上确定了其加工纱线的线密度范围。机号G是用针床上规定长度内（通常为25.4mm，即1英寸）所具有的针数来表示，它与针距的关系如下：

$$G = \frac{E}{T}$$

式中：G——机号；

T——针距；

E——针床上的规定长度。

由此可见，针织机的机号表示了针床上植针的稀密程度。机号越高，针床上规定长度内的针数越多，即植针越密，针距越小，所用针杆越细；反之，则针数越少，即植针越稀，针距越大，所以针杆越粗。粗机号有2、3、4、5、6、7等级（针／2.54cm）；细机号有8、9、10、11、12、13～16等级，特殊用途的横机，其级数高至24～26级（可用其织丝袜）。为了扩大纱线的适用范围，电脑横机厂商推出了多针距电脑横机，目前在市场上应用广泛，如德国斯托尔公司的CMS530HPE7.2多针距电脑横机等。

（三）按成圈系统分

按成圈系统可分为单系统横机、双系统横机、多系统横机。手摇横机以单系统和双系统为主，全自动电脑横机的成圈系统数一般为2~6系统。

（四）按针床有效长度分

按针床有效长度可分为小横机和大横机。小横机针床有效长度为305~610mm（12~24英寸）；大横机针床有效长度在610mm（24英寸）以上，以针床长度813~915mm（32~36英寸）的横机为主。电脑横机的针床有效长度相对较长，如德国斯托尔公司电脑横机最常用的机型针床有效长度为50英寸，有些超长型电脑横机可达96英寸。

（五）按针床数目分

按针床数目可分为单针床横机、双针床横机、三针床横机、四针床横机等。嵌花横机为单针床横机，其他的一般多为双针床横机，三针床、四针床主要用在全自动电脑横机上，在原来的双针床基础上增加1~2个辅助移圈针床而成，用于织可穿产品的编织。

（六）按导纱器数量分

按导纱器数量可分为单梭横机、双梭横机和多梭横机等。通常手摇横机较多的为双梭横机，电脑横机导纱器一般以16把居多，有些嵌花机导纱器可达40把之多，为多梭横机。

其他还可按织物的组织结构、传动形式等来进行分类。

第二节 手摇横机

一、手摇横机的基本结构

手摇横机基本结构一般由机架、编织机构、喂纱机构、牵拉机构、控制机构组成，国产普通手摇横机的一般形态如图2-1所示。

图2-1 手摇横机一般形态

（一）机架部分

机架是横机的支撑部分，由机座和导轨组成，前后针床间的交叉角呈97度。

（二）编织机构

编织机构是横机各机构的重要部分，直接关系到机器能否正常编织和产品质量的好坏。编织机构主要包括针床、织针、机头、三角装置等，如图2-2所示。它一般有前后两个针床1，用针床压块固装在机架座2上。针床上有针槽3，针槽内插入织针4。前、后三角座5、6由连接臂7构成机头沿三角座导轨8、9往复横向移动，导梭变换器10带动导纱器11沿导纱器导轨12往复横向移动。织针4受三角13的作用，在针槽中做升降运动，完成编织的成圈过程。此外，机头上还装有能够开启针舌和防止针舌反拨的毛刷14。

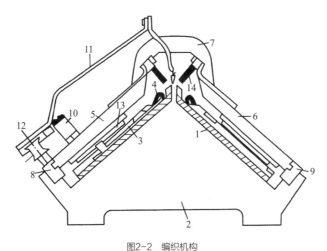

图2-2 编织机构

1—针床 2—机架座 3—针槽 4—织针 5，6—前后三角座 7—连接臂 8，9—三角座导轨
10—导梭变换器 11—导纱器 12—导纱器导轨 13—三角 14—毛刷

1. 针床

一般横机都有两个针床，靠近编织操作者的针床为前针床，另一个为后针床。针床是用来放置织针的，当机头在导轨上往复运动时，织针便在机头上的三角装置作用下在针床的针槽内做有规律的上下运动。

针床结构如图2-3所示。针槽1用来存放织针9；栅状齿2是支持线圈沉降弧，起沉降片的部分作用；针床压铁槽孔3起固定针床作用；上塞铁槽4中插入塞铁6起稳定织针在针槽中上下运动的作用，使织针不上抬；下塞铁槽5中插入塞铁7主要是固定针脚，限制织针下滑；针脚8的作用主要是限制织针9下滑。

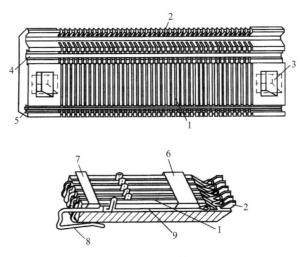

图2-3 针床结构

1—针槽 2—栅状齿 3—针床压铁槽孔 4—上塞铁槽 5—下塞铁槽
6，7—塞铁 8—针脚 9—织针

2. 织针

织针是针织横机的主要成圈机件之一。织针的种类很多，一般可以分为钩针、织针、管针和槽针四种，如图2-4所示，横机一般采用织针编织。

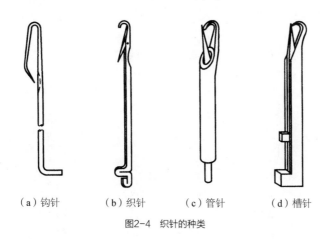

（a）钩针　　　（b）织针　　　（c）管针　　　（d）槽针

图2-4　织针的种类

3. 机头

机头俗称龙头，也称游架、三角座等。机头的主要作用是将前后两组三角装置连成一体，在机械动力或人力的牵引下，在机头导轨中做往复运动，安装于其上的三角装置便使针床上的织针做上升和下降运动，以完成编织成圈运动。

机头是横机的核心装置，其结构如图2-5所示。机头表面装有控制织物密度松紧的调节与指示装置、花型变换装置、导梭器和毛刷等零件。图2-5（a）为机头的正面图，方框内的1、2、3、4表示方位代号，图中的1、2、3、4是成圈三角的调节与指示装置。一般横机起针三角的代号是以操作者右侧为起点，定为1号，然后按逆时针方向依次为2号、3号、4号。调节与指示装置由分数指示器5、限位压板6和翼型螺母7组成，作用是调节、控制成圈三角深度，决定织物的线圈大小。8是摆动式起针三角的控制开关，9是推入式起针三角的控制开关，分别控制前后起针三角进入、退出工作位置。导梭器10带动导纱器工作或变换导纱器。毛纱架11用于安装毛纱。前、后推手12和13用螺钉19固定于机头上，两端装有推手铁14，起调节、稳定机头作用。15为推手铁的调节螺钉，16为手工推织时的手柄。在后推手13上装有离合器芯子17和开关扳手18等，为采用机械传动的横机所用。

机头反面用于安装三角装置，其结构如图2-5（b）所示，图中方框内的1、2、3、4表示机头处于反面时的方位代号，1、2、3、4为成圈三角（弯纱三角），1′、2′、3′、4′为起针三角，5、5′为镶片式成圈三角的镶片，称为成圈片。6、6′

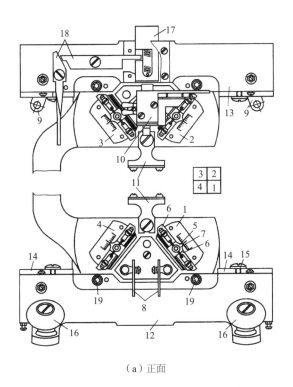

（a）正面

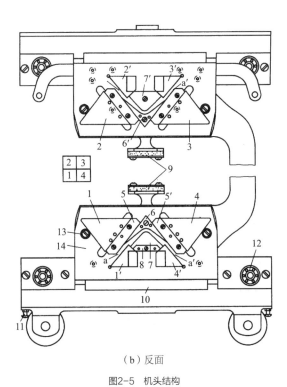

（b）反面

图2-5　机头结构

是压针三角；7、7′是顶针三角；8是横挡三角。这些三角组成了一条曲线形的走针槽道a—a′，织针的针踵在这条槽道中沿着三角的工作面上下运动进行编织成圈。9是毛刷，10为机头马脚，11为调节螺钉，轴承12装在推手上，其与导轨平面接触而滚动，可大大减少机头编织时的摩擦阻力。横机所用的三角均安装在三角底板14上，再用螺钉13紧固在机头内。针织横机对三角装置在机头上的对称度要求较高，其编织特性和成圈质量取决于三角机件的安装质量。

4. 三角

三角装置又称三角组合，也称三角板，是针织横机编织中最主要的机件，如图2-5（b）所示，由三角底板、起针三角、成圈三角（弯纱三角）、压针三角、顶针三角和横挡三角组成。

（三）喂纱机构

喂纱机构由引线架、张力器、导梭变换器、导纱器、毛刷等组成。普通针织横机主要采用消极式喂纱方式，即纱线从纱筒上退绕下来进入成圈区域，主要是借助织针在压针三角斜面的作用下给纱以张力而实现的。

引纱架分立式和卧式两种，一般为立式的，有单头、双头和多头多种，其作用是在编织过程中，将筒管上的纱线连续均匀地引导至导纱器。图2-6为最常用的立式双头引线架，它由立柱底座1、立柱2、支架3、挑线弹簧调节螺母4、挑线弹簧6和圆盘式张力器7等组成。由于纱线5在筒管上退绕时的张力不一致，编织速度不匀而引起的张力波动，加上返回编织时留在喂纱梭嘴与边针之间的余纱，因此需要张力器调节、挑线弹簧对张力进行补偿调节，保证所垫纱线尽量保持张力均匀，返回编织时能够收回留在喂纱梭嘴与边针之间的余纱，从而保证纱线正常稳定地输入编织区域，提高织物的质量。

图2-7为导纱器，由滑座1、梭弓2、引线板3、喂纱梭嘴4等组成，滑座1利用燕尾槽6套放在导纱器导轨5上，和导纱器跟随机头一起运动，从而对织针进行正确喂纱。

横机上常用的喂纱梭嘴和毛刷如图2-8所示。图2-8（a）为普通梭嘴，中间有一锥孔（基孔1），其大小由机号和所选用纱线的线密度来决定；图2-8（b）为添纱梭嘴，有基孔1和辅孔2，主要用来编织添纱组织；图2-8（c）为毛刷，一般采用猪鬃或化纤丝制成，其作用是在退圈时防止针舌反弹，并在放针过程中将新参加工作的织针针舌刷开，保证编织的正常进行。

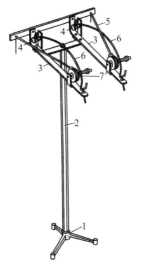

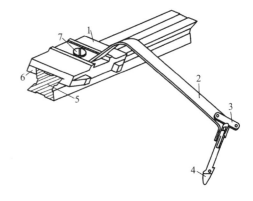

图2-6　立式引纱架

1—立柱底座　2—立柱　3—支架
4—挑线弹簧调节螺母　5—纱线
6—挑线弹簧　7—圆盘式张力器

图2-7　导纱器

1—滑座　2—梭弓　3—引线板
4—喂纱梭嘴　5—导纱器导轨
6—燕尾槽　7—螺钉

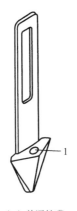

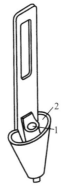

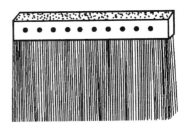

（a）普通梭嘴　　　　（b）添纱梭嘴　　　　　　（c）毛刷

图2-8　喂纱梭嘴和毛刷

1—基孔　2—辅孔

（四）牵拉机构

牵拉机构的作用主要是完成成圈过程的牵拉，将形成的织物从成圈区域中牵拉出来，有重锤式牵拉机构和罗拉式牵拉机构两种。手摇横机一般采用重锤式牵拉机构，由定幅梳栉（俗称穿线板）和重锤组成，如图2-9、图2-10所示。根据织物编织的需要，选用厚、中、薄重锤或几种重锤相组合。

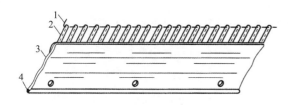

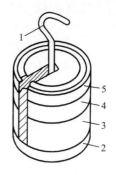

图2-9 定幅梳栉

1—钢丝 2—丝扣（梳齿）
3—镀锌铁皮 4—筋骨铁条

图2-10 重锤

1—钩子 2—底盘 3—厚重锤
4—中重锤 5—薄重锤

二、手摇横机的基本操作

横机既可以编织针织坯布（织片），又可以编织成形衣片。在横机的编织过程中，主要有掀罗纹、起口、翻针、放针、减针（收针或拷针）、落片等基本操作。这些操作和机件的完善程度，对横机产品的产量和质量有很大关系。

（一）掀罗纹

无论是编织针织毛衫组织结构（织片）或是编织针织毛衣衣片的下摆、袖口和领口起口部分，一般均采用罗纹组织。为了编织罗纹组织的起口，在起口前必须对针床上的织针进行罗纹所需的排针工作，俗称掀罗纹操作，如图2-11所示。掀罗纹时，先将编织幅宽内的织针推到编织工作位置，然后采用与编织罗纹相配的起针板，将前后针床上不参加罗纹编织的织针掀到停针区，即退出工作区域。可见，掀罗纹就是一种选针工作，以1+1罗纹和2+2罗纹的选针最为常见。

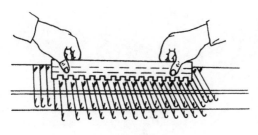

（a）掀1+1罗纹操作　　　　　（b）掀2+2罗纹操作

图2-11 掀罗纹

（二）起口

为了防止起口线圈的脱散和便于牵拉，在编织每一块织片或衣片时，首先要编织一横列起始线圈，这一工作称为起口。

当掀好罗纹排针后，若两针床织针呈1+1罗纹排列如图2-12（a）所示，可以直接移动机头，使两针床上处于工作位置的织针钩住纱线，完成起口横列的编织。若两针床织针未按1+1罗纹排列，应将针床移位，使两针床织针成1隔1交叉配置，其排针状态与1+1罗纹相似，这时才能推动机头完成正常的起口动作。如图2-12（b）所示为2+2罗纹起口示意图，其正常编织时的排针状态未按1+1罗纹排列，因此在起口横列编织前必须要移动后针床使两针床织针呈一前一后排列，然后进行起口操作，否则，如果按照2+2罗纹正常编织时的排针状态编织，则只能形成近似于两倍正常线圈大小的1+1罗纹，并且在编织中很难正常编织。同理，2+3罗纹、3+3罗纹等的起口方法与2+2罗纹的起口相似。

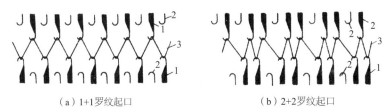

（a）1+1罗纹起口　　　　　　　　　（b）2+2罗纹起口

图2-12　罗纹起口示意图

1—参加编织的织针　2—退出编织区的织针　3—起口横列的纱线

当完成起口横列的编织后，用定幅梳栉从针床下部穿过起口横列的纱线，升出于针床隙口，然后穿入梳栉钢丝2，如图2-13所示。最后在梳栉下面挂上

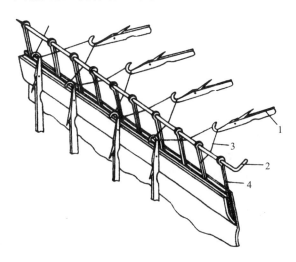

图2-13　挂上定幅梳栉后的起口状态

1—织针　2—梳栉钢丝　3—第一横列纱线　4—定幅梳栉

适量的牵拉重锤，到此完成了织物的起口操作。在起口后，如果不用定幅梳栉和重锤，由于起口横列没有受到牵拉力的作用，后面的编织无法正常进行。

（三）起口空转

在完成起口操作后，按照工艺要求编织几个横列的管状组织的操作，俗称打空转，通过打空转可以使罗纹边口光滑、饱满。

在实际操作中，定幅梳栉挂好后，将前针床和后针床上斜对角的两个起针三角关掉，进行空转编织，空转的横列数根据工艺要求而定。一般织物的正面空转应比反面多一个横列，如2：1、3：2等。织有空转的起口衣片，其起口边具有圆滑、饱满、光洁、平整、美观、坚牢等特点，还能防止起口时起口横列纱线的断裂以及在穿着过程中出现荷叶边现象。

空转织好以后，需要使退出工作的起针三角进入工作状态，以进行罗纹组织的正常编织。对于是2+2罗纹的起口，在织好空转后，需将针床移位至原来的排针位置状态，才能进行正常的2+2罗纹编织。2+3罗纹、3+3罗纹等在起口空转完成后，都需要将针床移位到正常的排针状态后才能进行正常的编织。

（四）翻针

若编织的织物或衣片是由单面和双面组织复合而成，当双面组织向单面组织转换时需要在织完双面组织部分后，将前针床上织针所编织的线圈移到后针床上对应的织针上，然后进行单面组织的编织，这一转移线圈的过程称为翻针，如图2-14所示。

手工翻针的工具是收针柄。翻针有单针翻针和组列式翻针。单针翻针目前在一部分小厂中仍然在采用，目前大多数毛衫厂使用组列式翻针工具，称为翻针板，其翻针效率大大提高。

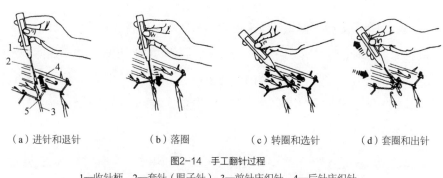

（a）进针和退针　　（b）落圈　　（c）转圈和选针　　（d）套圈和出针

图2-14　手工翻针过程

1—收针柄　2—套针（眼子针）　3—前针床织针　4—后针床织针
5—最后一个横列的罗纹线圈（旧线圈）

（五）放针

放针在织片或毛衫的编织工程中，又称加针或添针，利用增加工作针数来完成增宽织片或衣片的过程称为放针。手工放针有明放针和暗放针之分。

1. 明放针

将需放的织针直接推入编织区，不进行移圈而使其参加编织的放针方法称明放针。放一枚针时，可以直接将织针推入编织区，移动机头垫纱来完成放针，如图2-15所示。

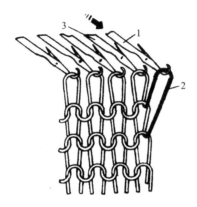
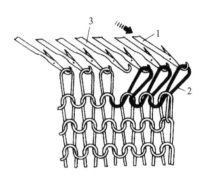

图2-15 明放针　　　　　　　　　　　　图2-16 暗放针
1—新放的织针 2—新编的线圈 3—边针　　1—新放的织针 2—移圈的横列 3—空针

2. 暗放针

将需放的织针推入编织区域，然后将织片边缘织针的一组线圈，整列地向外侧横移，使被放的织针挂上旧线圈的放针方法称为暗放针，如图2-16所示。暗放针后，会在空针处产生小小的孔眼，可将空针所对应的前一横列线圈的圈弧，套于空针上来消除孔眼。

（六）收针

减针是利用减少工作织针数来使毛衫织片或衣片变窄的过程，其可分为收针和拷针。收针的实质是利用移圈的方法，将织片横向相连的边缘线圈，按照工艺要求进行并合移圈，并将移圈后的空针退出编织工作区域，使织片或衣片的横向编织针数逐渐减少，以达到减幅的目的。收针又分为明收针和暗收针。

1. 明收针

将需要收去的织针上的线圈直接移到相邻的织针上，使其成为重叠线圈，这一收针过程称为明收针，如图2-17所示。

2. 暗收针

将需要收针的织针上的线圈连同边部其他织针上的线圈一起平移，使收针后衣片最边缘织针上不呈现重叠线圈的收针方法，称为暗收针，如图2-18所示。

暗收针和暗放针一样都是借助收针柄来完成的，其收针操作过程与暗放针过程相似。暗收针的收针情况常用$n_1 \times n_2$来表示，其中，n_1表示套针枚数，n_2表示收掉的针数，即重叠的线圈数。

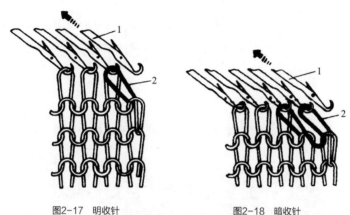

图2-17 明收针 　　　　　图2-18 暗收针

1—被移去线圈后的空针　2—被移位的线圈

（七）拷针

根据工艺要求使需减针的织针上的旧线圈脱落，不进行线圈的转移，并将这些织针掀下，直接退出编织区域，使织片或衣片由宽变窄的操作称为拷针。手工拷针借助拷针括板将织针针锤推起使织针退圈，然后再将织针掀下，使织针上的旧线圈脱落。拷针比收针方便，同时能达到减幅的目的，但缺点是拷针处的线圈容易脱散。

（八）落片

落片又称塌片，其实质是通过线圈脱套来落取织片或衣片。落片时需要先去掉牵拉重锤和挂边重锤，然后左手握住织片或衣片，给其以适当的牵拉力，右手轻轻推动机头，进行一次无垫纱的编织，使织针上的线圈全部从织针上脱套下来，左手握住落下的织片或衣片，即完成落片操作。

第三节　电脑横机

一、电脑横机的基本结构

电脑横机是机电一体化的横机，与普通横机相比，主要有自动化程度高、生产效率高、可生产复杂花型和操作简便等优点。电脑横机的种类很多，不同品牌的电脑横机其具体构成有所不同。这里以德国STOLL CMS530电脑横机为例进行说明（图2-19），其主要由以下几个部分构成。

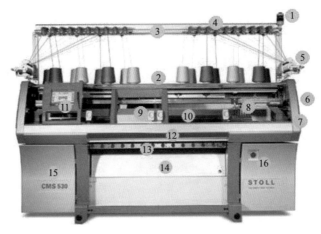

图2-19　STOLL CMS530电脑横机

①—机器状态显示　　　⑨—机头
②—置纱台　　　　　　⑩—针床
③—纱架　　　　　　　⑪—触摸屏显示器
④—顶部张力控制器　　⑫—机头操作手杠
⑤—积极送纱器　　　　⑬—主牵拉装置
⑥—侧边张力器　　　　⑭—牵拉梳挡板
⑦—侧边护盖　　　　　⑮—电脑控制箱
⑧—导纱器　　　　　　⑯—机器开关按钮

（一）控制机构

电脑横机和手摇横机、机械式自动横机最主要的区别就是增加了控制机构，包括电控箱、显示器、触摸屏及各种监控和检测元件。主要功能是进行程序的输入和显示、程序的储存和控制以及信号的反馈等，进一步提高了机器的自动化程度，使花型变换、尺寸改变、产品质量等更易于控制。

（二）传动机构

电脑横机的传动机构有多个电动机，最主要的是机头运动的传动；除此之外，还有横机机头中的弯纱三角的运动、后针床的横移运动、主罗拉辊的运动等。其特点是采用齿形带传动，消除一般链条传动的不精确、震动、易打滑现象，确保编织过程中机头运行的精度和平稳性；还可以实现机头的往复运动和变速编织，确保密度调节和针床横移的准确度。

（三）给纱和换梭机构

电脑横机编织线圈得到的纱线由导纱器供给，在编织不同部位或不同色彩时又由换梭机构适时地变换导纱器。电脑横机编织成形产品时是由给纱和换梭机构共同完成其纱线的供给工作，其特点是可以根据编织需要随时使任何一把导纱器进入或退出工作，而且可以停在任何位置，以适应编织宽度的变化。

（四）编织和选针机构

编织和选针机构主要由针床和机头组成。在电脑横机针床的工作幅宽内的针槽里装有编织用织针、挺针片（导针片）、中间片（压片）、选针片和沉降片等，如图2-20所示。机头内可安装一个或多个成圈系统，目前最多的有八个成圈系统。机头内的成圈系统是由各种三角组成，除部分可以上下移动外，其余三角都是固定的，使机器工作精度更高，运行噪声和机器损耗更小。

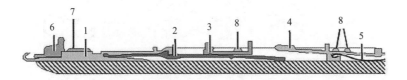

图2-20 电脑横机选针机件的配置示意图

1—织针 2—挺针片 3—中间片 4—选针片
5—选针片弹簧 6—沉降片 7—织针轨道 8—罩盖轨道

图2-21为电脑横机三角编织系统配置图，起针三角1为固定三角，使挺针片片踵沿该斜面上升，做成圈或集圈编织。接圈三角2为固定三角，使挺针片片踵沿该斜面上升做接圈动作。压针三角3为活动三角，依靠内侧作用于织针，使织针下降到一定的高度（该高度决定了线圈的密度，越高则密度越紧），依靠外侧使挺针片片踵沿该斜面上升，以完成移圈动作。导向三角4呈左右摆动状态，使做移圈动作的挺针片从上针道滑到编织针道中。挺针片复位三角5主要作用是

使挺针片归位，为编织做准备，其内侧可作用于挺针片片踵，使完成接圈动作的挺针片归位。集圈压板6可上下运动，当系统工作时，控制中间片的上片踵，若作用于中间片，则通过中间片使挺针片压入针槽中，对应的织针完成集圈编织。接圈压板7同集圈压板一同上下运动，当系统工作时控制中间片的上片踵，反复作用于中间片，通过中间片使挺针片压入或弹出针槽，对应的织针完成接圈动作。中间片分档三角8形成了中间片下片踵的三个通道，在上通道中，中间片的上片踵露出针槽，使挺针片完成成圈编织或移圈动作；在中间通道，中间片的上片踵在集圈压板或集圈压板的压力下，完成集圈编织或接圈动作；在下通道中，则不编织或浮线编织。选针器9呈固定状态，由永久磁铁和两个选针点组成，选针前，永久磁铁吸住选针器顶部，选针或不选针的状态取决于选针点处的吸力是否中断，控制织针分别做成圈或集圈编织。选针片上三角10为固定三角，通过前选针片斜面上三角作用于选针片的中间片踵上，使选针片上升，完成成圈编织或移圈动作；后选针片斜面上三角作用于选针片的中间片踵上，使选针片上升，完成集圈编织或接圈动作。选针片三角11为固定三角，通过前选针片三角用于选针片的下片踵上，使选针片上升，完成成圈编织或移圈动作；后选针片三角作用于选针片的下片踵上，使选针片上升，完成集圈编织或接圈动作。选针片准备三角12为固定三角，作用于选针片的尾部，使选针片的尾部

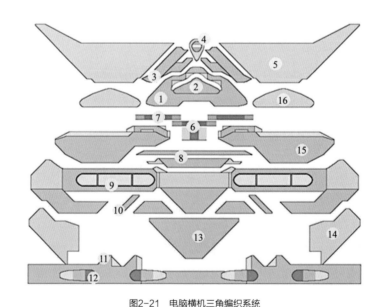

图2-21　电脑横机三角编织系统

①—起针三角　　　　　⑥—集圈压板　　　　　⑪—选针片三角
②—接圈三角　　　　　⑦—接圈压板　　　　　⑫—选针片准备三角
③—压针三角　　　　　⑧—中间片分档三角　　⑬⑭—选针片复位三角
④—导向三角　　　　　⑨—选针器　　　　　　⑮—中间片复位三角
⑤—挺针片复位三角　　⑩—选针片上三角　　　⑯—挺针片复位三角

进入针槽，为选针片的选针做好准备。选针片复位三角13和14为固定三角，作用于选针片，为选针做准备；中间片复位三角15和挺针片复位三角16均为固定三角，分别作用于中间片和挺针片，使中间片、挺针片处在正确的走针轨道位置上。

在三角编织系统各机件的作用下，织针可在不同的三角轨道中运动实现不同的编织动作，如图2-22所示为在成圈编织、集圈编织、不编织（浮线编织）时各个织针的走针轨迹。

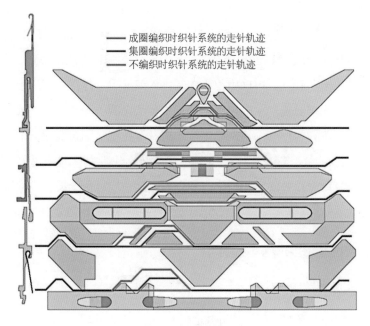

图2-22 织针的走针轨迹

（五）针床横移机构

针床横移是指在编织过程中改变前后两个针床的相对位置，使前后针床上面的织针对应关系发生改变，实现编织结构的变换。一般针床横移是在机头静止时进行，有的横机在机头运行也可以进行横移。针床横移的距离在50.8mm（2英寸），最大横移量可达101.6mm（4英寸）。电脑横机的针床横移机构其特点是由程序控制自动进行，可以进行整针横移、半针横移和移圈横移等。

（六）牵拉机构

在电脑横机的编织中，牵拉力对产品质量的影响是很大的，必须根据所编织产品的结构和幅度改变机器的牵拉值。电脑横机的牵拉机构由主牵拉辊、辅

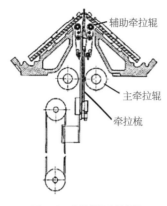

图2-23 电脑横机牵拉机构

助牵拉辊和牵拉梳组成，如图2-23所示。主牵拉辊由一对运动方向相反的橡胶辊组成，每个橡胶辊由一节节的小橡胶辊组合而成，当这一对橡胶辊运动时，配合一定的压力，织物被夹持并向下运动，由此提供牵拉。辅助牵拉辊位于针床口的下面，是由一对钢辊组成，可以直接从针床下面夹持织物，调节织物的牵拉力，增加或减少牵拉值的作用。其各自的作用为主牵拉辊起主要的牵拉作用，由牵拉电动机控制，通过计算机程序来改变电动机的转动速度，从而控制牵拉力的大小；辅助牵拉辊位置离针床床口较近，可以由程序控制进入或退出工作，主要用于在编织特殊结构或成形编织时辅助主牵拉辊工作，如多次集圈、局部编织、放针等，以达到主牵拉辊单独工作难以达到的牵拉作用；牵拉梳又称起底板，主要在起头时工作，在起头时由牵拉梳牵拉住起口纱线，防止纱线脱圈，编织一定行列后，由牵拉梳和辅助牵拉共同作用织物，编织到一定长度，主牵拉辊进入工作，和辅助牵拉共同作用于织物，牵拉梳脱离开织物并回归原位。

二、电脑横机的基本操作

（一）电脑横机的启动

打开机器旋钮主开关，启动电脑横机后，出现启动界面（图2-24）。

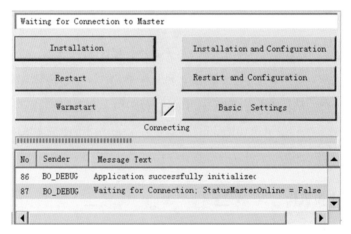

图2-24 启动界面

一般启动时可选择冷启动（Restart）或热启动（Warmstart）。

若选择冷启动（Restart），在启动过程中，系统将删除当前编织信息以及基本编织参数配置等。机器启动后，机头、横移机构、自动切夹纱装置、牵拉梳装置等要做基准运动。

若选择热启动（Warmstart），则机器启动过程中，机器保留最近一次关机时的所有信息，机器启动完成后，可以直接进入编织状态。若因为突然断电而没有完成当前衣片的编织的情况下，重新启动机器要选择这种方式，然后完成编织。

如果机器处在开启的状态，可以直接上抬操作杆，运行机器；放下操作杆，可以停止机器运行。上抬操纵杆，握持以控制机速，操纵杆越高，机速越快。

（二）操作界面

机器启动后，触摸屏显示器上显示主菜单操作界面如图2-25所示，常见按键功能如图2-26所示。

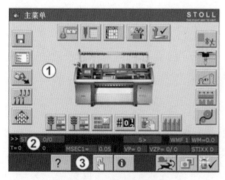

图2-25 主菜单操作界面
①—菜单操作区域
②—机器运行状态显示
③—功能命令输入按钮

按键	功能	按键	功能
	加载&保存		编辑编织程序
	机速		横移修正
	创建花型		启动机器
	停机		彩色监视器
	循环计数器&计数器		手动干预
	起针梳		牵拉
	编织区域		线圈长度
	导纱器		松开夹纱装置
	维修		机器设定
	定量编织菜单		顺序编织菜单

图2-26 常见按键功能

点击这些按钮功能，进入该功能的操作界面，可设置机器的相关编织参数和调节机器编织状态等。例如，在"计数器"操作界面中，可设置当前编织的织片或衣片数量以及设置编织过程中的循环等数据；在"线圈长度"操作界面中，可修改各工艺行的线圈长度数值；在"加载＆保存"操作界面中可导入编织的程序；在"起针梳"操作界面中可进行牵拉梳的基准运行；在"牵拉"操作界面中可修改各编织段的牵拉值等。

机器运行状态显示了当前的编织状态，如机头方向、执行的花型行位置以及编织指令、机器编织系统、牵拉数值、机器编织速度、横移位置等内容。

除了在功能操作界面中调节机器的编织状态，还可以在"功能命令输入按钮"中输入机器的直接指令（图2-27），控制机器的运行状态。

按键	功能	按键	功能
 👑←	切换回"主菜单"	 ←	切换回上一页
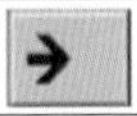 →	切换至下一页	 ?	调出帮助信息
 ?←	切换回上一页帮助	 ❶	最新信息和信息列表
 ✓	确认输入	 👆	调出输出直接指令窗口
ST2=0	顺序菜单：将已编织衣片复位计数器为"0"	 🐌	75%的编织速度
 🐆	恢复至100%编织速度		切换到状态行
	切换到选择/输入键	 ✓	确认解除故障
	切换到"附加功能键"		切换到"标准功能键"

图2-27　功能命令输入按钮

（三）穿纱

纱线从纱筒到导纱器的过程中，主要的控制部件有顶部纱线控制装置，积极送纱装置或者喂纱轮，侧边张力器，导纱器，最后固定在切夹纱装置上。

顶部纱线控制装置用来控制纱线张力、检查纱线大小结头以及断线等。若遇到大结头和断线，则会自动触动停机装置，机器停机；若遇到小结头，则机器按照设定的结头机速运行。积极送纱装置则通过纱线和摩棍之间的摩擦积极送纱，若纱线和摩棍之间的接触面越大，则摩擦力越大，送纱越容易；反之，则越小。侧边张力器用来控制纱线在编织过程中的张力，若可量度数越大，则纱线编织张力越大；反之，则越小。

对于不同性质的纱线，有不同的穿纱方式，如图2-28所示。

方式一：纱线过顶部纱线控制装置，过积极送纱装置，过侧边张力器，侧边张力大小要合适，如织片主纱或衣片大身用的编织纱线一般用这种穿纱方式。这种穿纱方式可很好控制纱线的大结头、退绕断线以及编织断线等引起的停机。

方式二：纱线过纱线顶部纱线控制装置，不过积极送纱装置，过侧边张力器，这种穿纱方式一般用于分离纱或保护纱。

方式三：过顶部纱线控制装置，不过积极送纱装置，过侧边张力器，但张力很小，如弹力纱一般用这种穿纱方式。

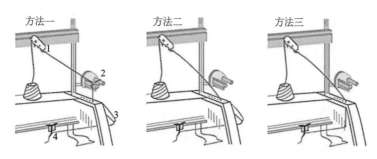

图2-28　不同的穿纱方式

1—顶部纱线控制装置　2—积极送纱装置　3—侧边张力器　4—导纱器

穿纱方式并不是一成不变的，在具体的生产过程中，要具体情况具体分析，不同性能的纱线选择合适的穿纱方式，这样有利于编织生产。

（四）运行程序

1. 导入（加载）程序

导入（加载）机器的程序一般包括三个文件，每个文件有不同的作用。Sintral文件主要包含一系列指令，用来控制所有参与机器编织的部件的活动状态；Jacquard文件包含选针符号的集合，标识不同位置上的织针符号；Set-up文件包含编织参数的内容，如机头速度、导纱器、牵拉、线圈密度等。

导入（加载）程序的方法如下：

调出"加载 & 保存"程序窗口（图2-29），选择需要编织的文件，然后点击"导入"按钮，程序将导入机器。

图2-29　导入程序窗口

导入程序窗口常见按钮功能如图2-30所示：

按键	功能	按键	功能
	直接文件夹选项（同另两个）或预先定义的文件夹选项		显示所选文件
	文件夹路径选项		"插入"所选文件以及相关已加载的花型文件
	"加载"文件到编织机器中	SET	编辑选定文件的花型参数
	保存编织机中的编织文件		刷新文件夹的内容
	删除当前文件夹下选中文件		调出直接帮助

图2-30 导入程序窗口常见按钮功能

在窗口中，通过"路径"按钮，可寻找编织程序的来源。

激活"PAT"功能，则在磁盘目录中仅显示与当前机型针距相匹配的程序；若激活"SIN""JAC""SET"或其中任意一个，则显示磁盘中与该文件类型相匹配的所有文件。一般情况下，选择激活"PAT"功能，可以避免将与当前机型不匹配的程序导入电脑横机中，使得编织出现问题。

激活"EALL"，则在加载程序前，删除原有机器中存在的程序；激活"EAY"，则删除原有程序中的导纱器位置；激活"SP1"，表示程序导入后，自动执行"从第1行开始运行程序"，机器将自动运行程序。

在完成程序导入后，要确保机头方向是从左到右；若机头方向有误，则应采用"空跑"方式，运行机器到最左边，让机头调整运行方向，然后回到主菜单操作界面，点击"启动机器"按钮。

2. 运行程序

第一步，在主界面菜单上点击"启动机器"按钮，调出启动机器窗口，如图2-31所示。

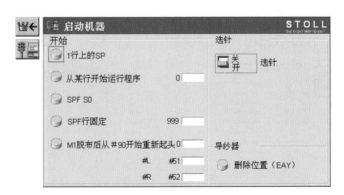

图2-31 启动机器窗口

当程序第一次加载到机器上，点击"启动程序"按钮，程序将自动运行到含有START程序命令的行位置。

第二步，选择相应图标，开始运行程序，上抬操作杆，可开始编织。一般可选择"1行上的SP"或者"从某行开始运行程序"。这里的"SPF行固定"指的是机器不带织针动作进行"空跑"，一般在开始编织前检查机器状态正常后，先进行一个来回的空跑，然后把机头停在从左到右方向合适位置上，再进行程序的导入。

3. 程序编织结束

当程序编织结束时，机器将自动停机。

若织片在牵拉梳上，则在"基准运动"窗口或"牵拉梳"窗口中执行"牵拉梳基准运动"功能，然后取出编织的织片。

4. 刷片

若织片在编织过程中出现问题而无法继续编织时，需要将织片从机器上取下来，称为刷片。刷片方法如下：

（1）检查机头方向，确保机头方向是从左向右；同时检查针床横移位置，确保其处于初始位置，即针床横移为0。

（2）停止机器运行。

（3）点击启动机器窗口中的"1行上的SP"按钮或"从某行开始运行程序"按钮。

（4）上抬操作杆，运行机器，机器将编织区域内的导纱器带出编织区域并执行夹纱动作；然后编织系统在整个针床上执行脱圈编织动作。

（5）当牵拉梳下降且挡板关闭时，停止机器运行，并确保机器的机头方向从左向右。同时取出织片，清理完挡板上的纱线。

（五）关机

织片或衣片全部织完后要进行关机。关机前首先停止机器运行，注意停止机器运行时要确保机头在机器的左侧，牵拉梳回到基准位置，导纱器回到初始位置，机头停在机器的左边，并且机头运行方向从左到右。关机的方法有两种，第一种方法是直接下旋主开关旋钮；第二种方法是使用触摸屏上的窗口关机，此窗口有四个选项，分别代表不同的方式，如图2-32所示。

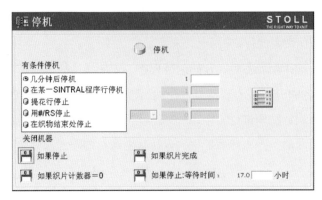

图2-32 关机界面

如果停止：如果选择此按钮，机器将在机头停在左侧时关机。

如果织片计数器＝0：完成设定织片数后关机。

如果织片完成：编织完当前的织片后关机。

如果停止，等待时间：等待设定的时间后停机。

若是在非正常状态下的关机，机器重新启动后，要仔细观察后针床位置、牵拉梳位置、是否在选针状态，辨别后方可进行机器操作。

思考与练习

1. 横机机号的定义是什么? 横机的机号和纱线有什么关系?

2. 手摇横机由哪几部分构成?

3. 手摇横机机头内的三角有哪些, 各自的作用是什么?

4. 电脑横机由哪几部分构成?

5. 电脑横机的主要选针机件有哪些?

6. 手摇横机和电脑横机的牵拉装置有何不同?

7. 简要说明电脑横机的基本操作步骤。

第三章
针织毛衫常见组织结构

第三章

📖 **本章知识点**

1. 毛衫组织结构表示方法。
2. 毛衫基本组织的结构特点及组织特性。
3. 毛衫花色组织的结构特点及组织特性。

　　款式新颖、穿着舒适的针织毛衫和其组织结构的设计是分不开的，组织结构不同，形成的花型和特性也不相同。

　　毛衫组织种类很多，一般可分为基本组织和花色组织两大类。基本组织是所有针织物组织的基础，包括单面的纬平针组织、双面的罗纹组织和双反面组织。花色组织是在基本组织的基础上，通过变化线圈结构单元和变换纱线的颜色、种类等，形成具有不同结构和花纹的花色针织物。

第一节 毛衫组织结构表示方法

毛衫组织常用的表示方法有线圈结构图、意匠图和编织图。电脑横机编程软件中对应的表示方法分别为织物视图、标志视图和工艺视图。

一、线圈结构图

线圈在织物内的形态用图形表示称为线圈图或线圈结构图，可根据需要表示织物的正面或反面。图3-1为纬平针组织的正面和反面线圈结构图。

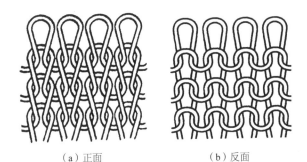

（a）正面 　　　　　　（b）反面

图3-1　线圈结构图

从线圈图中可清晰地看出针织物结构单元在织物内的连接与分布，有利于研究针织物的性质和编织方法。但这种方法仅适用于较为简单的织物结构，对于复杂的大型花纹则绘制比较困难。

在电脑横机中，为了更方便在设计过程中看到织物的设计效果，有专门的织物模拟效果视图，分别可查看正面和反面的效果，称为织物视图。图3-2为电脑横机纬平针组织的正反面织物视图，类似于线圈结构图。

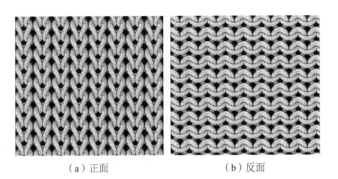

（a）正面 　　　　　　（b）反面

图3-2　电脑横机织物视图

二、意匠图

意匠图是把针织结构单元组合的规律，用规定的符号在小方格纸上表示的一种图形，每一方格行和列分别代表织物的一个横列和一个纵行。根据表示对象不同，又可分为结构意匠图和花型意匠图两种。

1. 结构意匠图

结构意匠图是将成圈、集圈和浮线（不编织）用规定的符号在小方格纸上表示；可以用符号"×"表示正面线圈，"○"表示反面线圈，"●"表示前后针床集圈，空格表示前后针床浮线。图3-3（a）为线圈结构图，图3-3（b）为对应的结构意匠图。

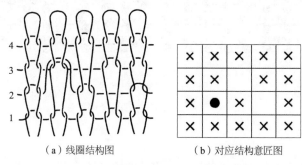

（a）线圈结构图　　　　　（b）对应结构意匠图

图3-3　结构意匠图

2. 花型意匠图

花型意匠图一般用来表示提花织物正面（提花一面）的花型和图案。每一方格均代表一个线圈，方格内符号的不同仅表示不同颜色的线圈，用什么符号代表何种颜色的线圈可自行设定。

图3-4为某一三色提花织物的花型意匠图，不同符号仅代表不同颜色。

图3-4　某三色提花织物花型意匠图

在织物设计与分析以及制订上机工艺时，应注意区分上述两种意匠图所表示的不同含义。意匠图适合表示结构较复杂以及花纹较大的织物组织。

在电脑横机设计软件中的标志视图相当于意匠图，主要表示针织物结构单元组合的规律，可以非常清晰地表示前后针床上编织的结构单元，同时可以通过不同的显示方法分别显示为花型视图和结构视图。图3-5为满针罗纹组织和双面集圈组织的标志视图。

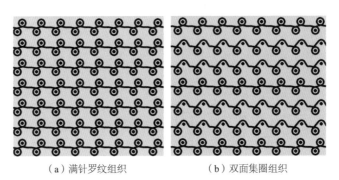

（a）满针罗纹组织　　　　　　　　（b）双面集圈组织

图3-5　电脑横机标志视图

三、编织图

编织图是将织物的横断面形态，按编织的顺序和织针的工作情况，用图形表示的一种方法。每一根竖线代表一枚织针，竖线上面加个"O"表示这枚织针成圈形成线圈，竖线上面加个"V"代表这枚织针集圈形成悬弧，竖线上面加个"＿"代表这枚织针不编织形成浮线。图3-6（a）为单面纬平针组织的编织图，仅一个针床上的织针参与编织；图3-6（b）为罗纹组织的编织图，两个针床上的织针呈相间排列编织；图3-6（c）为单面花色组织编织图，同一个针床上的织针有的呈成圈编织，有的呈集圈编织，还有的不参与编

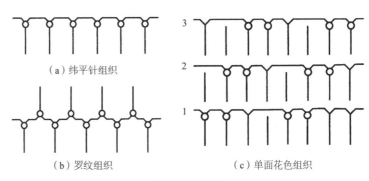

（a）纬平针组织

（b）罗纹组织　　　　　　　　　（c）单面花色组织

图3-6　编织图

织。编织图不仅表示了每一枚织针所编织的结构单元，还显示了织针的配置与排列。这种方法适用于大多数毛衫组织，尤其是双面组织，具有简便、清晰等优点。

电脑横机设计软件中的工艺视图相当于编织图，其表示方法稍有不同，直接以一个点代表前后针床的织针（图3-7），织针的基本动作除了成圈、集圈和不编织外，还有脱圈、翻针等。前后针床的成圈、集圈和不编织（浮线）如图3-8所示，前后针床线圈脱圈的表示方法如图3-9所示，翻针的表示方法如图3-10所示，单面花色组织的电脑横机工艺视图如图3-11所示。

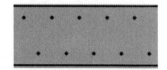

图3-7 编织图中织针的表示

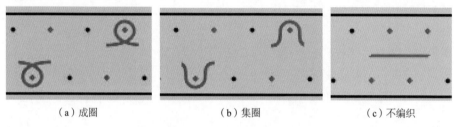

（a）成圈 （b）集圈 （c）不编织

图3-8 前后针床成圈、集圈和不编织编织图

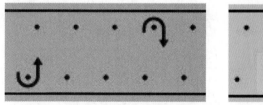

图3-9 前后针床线圈脱圈编织图

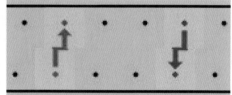

图3-10 翻针

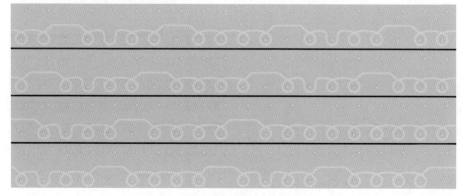

图3-11 单色花色组织电脑横机工艺视图

第二节 基本组织

一、纬平针组织

（一）单面纬平针组织

1. 组织结构

单面纬平针组织是由连续的单元线圈相互串套而成的针织物，由横机的一个针床上的织针编织而成，可由前针床或后针床单独编织。该织物的两面具有不同的外观，一面全部是正面线圈，另一面全部是反面线圈，正面比较光洁、平整，反面看上去比较暗淡。图3-12所示为单面纬平针组织的正反面线圈结构图、编织图和电脑横机标志视图。

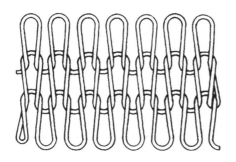

（a）正面线圈结构图

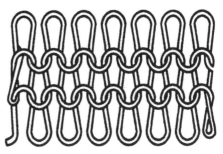

（b）反面线圈结构图

（c）编织图

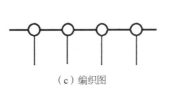

（d）标志视图

图3-12 单面纬平针组织

2. 组织特性

单面纬平针组织结构简单，织物轻薄、柔软，是男装、女装、绣花衫以及一般毛衫、毛裤的常用织物组织，具有以下特性。

（1）延伸性。纬平针织物在纵向和横向都具有很大的拉伸变形特性。因为在松弛状态下，线圈是以弯曲状态存在的，受到拉伸后，线圈结构、外形发生变化，线圈之间的接触位置发生转移，以及本来弯曲的一部分线段变成伸直状态，即所谓的"线圈转移"。正是因为"线圈转移"这一独有的特性，使针织物的拉伸变形比机织物大得多。横向拉伸时，线圈中的线段由圈柱向圈弧部分转移，且本来弯曲的沉降弧和针编弧伸直；纵向拉伸时，线圈中的线段由圈弧部分向圈柱部分转移，本来稍有弯曲的线圈圈柱伸直。由于线圈的配置所决定，纬平针织物的横向延伸性大于纵向延伸性。

（2）线圈歪斜。在自由状态下纬平针组织的线圈易发生歪斜，这是由于纱线捻度不稳定、纱线力图退捻所造成的。线圈的歪斜还和织物的稀密程度有关，织物越稀越容易歪斜。因此，在编织过程中可以选用捻度稳定的双股纱，并适当增加织物的密度，以减轻歪斜程度。

（3）卷边性。单面纬平针织物具有较好的卷边性，主要是由于弯纱弹性变形消失形成，弯曲纱线在自由状态下力图伸直，使织物横向边缘卷向正面，纵行卷向反面。卷边性和纱线弹性、密度和线圈长度等均有关，织物密度越小，线圈长度越大，卷边就越严重；反之，则卷边越小。

（4）脱散性。单面纬平针织物脱散性好，既可沿顺编织方向脱散，又可沿逆编织方向脱散。脱散性的大小和线圈长度、纱线的摩擦系数等有关。线圈长度越大，纱线摩擦系数越小，脱散性越好；反之，则越差。

（二）双层平针组织

双层平针组织是由连续的单元线圈分别在横机的前、后针床上相互串套而成。由于是循环的单面编织，两端边缘封闭，中间呈空筒状，犹如一只口袋。织物表面光洁，织物性能与单面平针织物相同，但双层平针织物比单面纬平针织物厚实，线圈横向无卷边现象，这种织物主要用在外衣的下摆和袖口边缘。图3-13为双层平针织物的线圈结构图、编织图和电脑横机标志视图，编织时，前后针床相错，满针排列，前、后针床的织针交替进行编织。当机头往复运动换向时，两个分离的平针线圈横列在两端被连接起来，从而形成圆筒形织物。

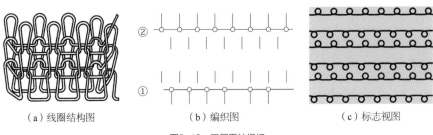

(a) 线圈结构图　　　　　　(b) 编织图　　　　　　(c) 标志视图

图3-13　双层平针组织

编织过程中要求前后针床上弯纱三角的弯纱深度与给纱张力一致，两个针床的间隙等于针床上工作织针的间距，从而使前后针床编织的线圈大小均匀一致。

（三）变化纬平针组织

在纬平针组织的基础上，可进行一定的变化，形成不同效果的组织结构。

（a）织物图

（b）工艺视图

图3-14　变密度纬平针组织

1. 变密度纬平针组织

在单面纬平针组织的基础上，部分线圈通过双面编织后脱圈，使得这些线圈变大，密度变大，而其他线圈正常单面编织形成正常大小的线圈，两部分复合形成线圈大小不同的松紧密度织物。图3-14为变密度纬平针组织的织物图和电脑横机工艺视图。

2. 局部编织平针组织

由于电脑横机具有单针选针功能，可以在随意位置进行折返编织，因此可以利用这一特点进行局部织针编织，从而形成独特的凸起效果。如图3-15所示为机头方向从左到右的局部编织平针组织，两边的织针正常进行编织，而中间的部分织针来回进行多次编织，由于中间织针和两边织针编织的次数不一样，且中间部分织针编织次数多，从而中间部分多余线圈会凸起在织物表面，形成凸点效果。需要注意的是，为了保证局部编织后电脑横机机头的一致性，中间部分织针的编织次数必须为奇数次。

（a）织物图

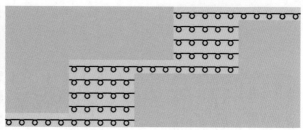
（b）编织图

图3-15 局部编织平针组织

二、罗纹组织

罗纹组织是针织毛衫基本组织之一，它属于双面组织，是由正面线圈纵行和反面线圈纵行以一定的组合相间配置而成。罗纹组织的每一横列由一根纱线配置，这根纱线既编织正面线圈又编织反面线圈，正面线圈和反面线圈由沉降弧连接。因为正、反面线圈不在同一平面内，沉降弧由前到后或由后到前发生较大的弯曲与扭转，由于纱线的弹性，沉降弧力图伸直，结果使同一面的线圈纵行相互靠拢，彼此潜隐半个纵行，且正面线圈纵行凸出在织物表面，反面线圈纵行凹陷往里，形成凹凸的直纵条纹效果。

罗纹组织的种类很多，根据正反面线圈纵行的不同配置，可形成不同的罗纹组织。通常用N+M罗纹来表示，N表示一个循环内正面线圈纵行数，M表示一个循环内反面线圈的纵行数，如1+1罗纹、2+2罗纹或3+2罗纹等。

（一）1+1罗纹

1+1罗纹组织是采用正面线圈纵行和反面线圈纵行以1隔1的组合相间配置而成。根据编织时织针对位的不同，可分为满针罗纹（又称为四平针）和1+1单罗纹组织。

如图3-16所示为满针罗纹组织。编织时前后两个针床针槽相错排列，工作区域内所有织针均参加编织，两针床对应的起针三角全部处于工作位置，四块成圈三角（弯纱三角）调节深度一致，一转编织2个满针罗纹横列。

图3-17所示为1+1单罗纹组织，编织时两个针床针槽相对排列，两针床均1隔1排针或隔针抽针，且两床工作织针1隔1相间配置。两针床对应的起针三角全部处于工作位置，四块成圈三角（弯纱三角）调节深度须一致，一转编织2个罗纹横列。两个组织均属于1+1罗纹，线圈配置与结构基本相同，但在织物的密

度、弹性等方面有所不同，相对而言1+1单罗纹织物比较蓬松柔软、横向延伸性较大，弹性也比较好。

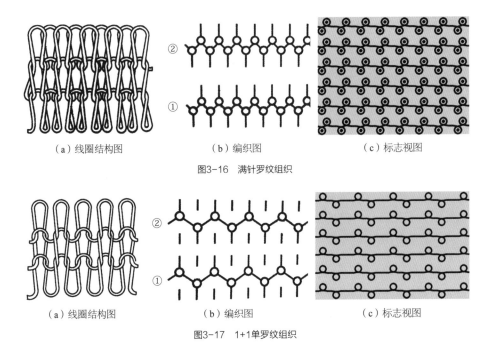

| （a）线圈结构图 | （b）编织图 | （c）标志视图 |

图3-16　满针罗纹组织

| （a）线圈结构图 | （b）编织图 | （c）标志视图 |

图3-17　1+1单罗纹组织

（二）其他罗纹组织

除了1+1罗纹组织外，根据正反面线圈配置的不同还有2+2罗纹、3+3罗纹、1+3罗纹等，图3-18为1+3罗纹组织，在最小完全组织内，前后针床分别有1枚和3枚织针参与编织，正反面线圈纵行比为1∶3。

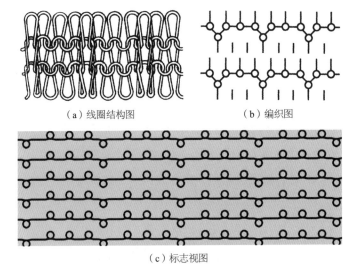

| （a）线圈结构图 | （b）编织图 |

（c）标志视图

图3-18　1+3罗纹组织

图3-19（a）为针床相错排列的2+2罗纹组织，两针床均2隔1排针，且两床工作织针2隔2相间配置；图3-19（b）为针床相对排列的2+2罗纹组织，两针床均2隔2排针，且两床工作织针也呈2隔2相间配置。这两种罗纹均属于2+2罗纹，但因排针方式不同，织物性能也有所不同。一般前后针床相对排列编织时，正反面线圈间的沉降弧较长，有利于翻针、移圈等操作，翻针后线圈数目不变，平整。当前后针床相错排列编织时，织物比较紧密，弹性好，翻针后线圈数发生变化，并发生重叠，不够平整。

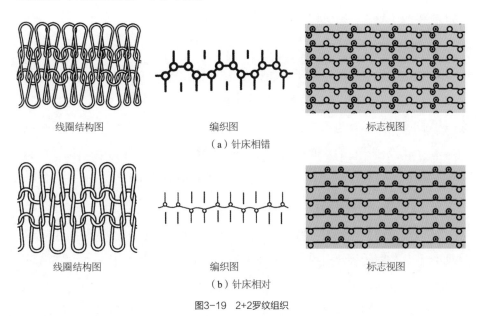

线圈结构图　　　　编织图　　　　标志视图
（a）针床相错

线圈结构图　　　　编织图　　　　标志视图
（b）针床相对

图3-19 2+2罗纹组织

由于不同的罗纹组织具有不同的特性，因此不同的罗纹组织在编织时其选针和起口方式也不相同。当编织正反面线圈纵行数相等的罗纹时，先按罗纹结构要求排列两针床的织针，然后移动其中一个针床，使两针床上的织针呈1+1罗纹配针方式编织起始横列，之后再向相反方向移动针床，回复到原结构配针方式编织该罗纹。当编织正反面线圈纵行数不等的罗纹时，必须先按1+1罗纹排针并起口，然后按要求的正反纵行数移圈翻针，再编织所需的罗纹织物。

（三）罗纹组织特性

1. 弹性和延伸性

罗纹组织的最大特点是具有较大的横向延伸性和弹性，这是任何组织所不能比拟的，而其纵向延伸性和弹性类似于纬平针组织。因为在自由状态下，罗纹组织反面线圈纵行隐藏于正面线圈纵行的后面，沉降弧垂直于织物平面，当受到横向拉伸时，首先使隐藏的反面线圈纵行呈现出来，沉降弧由垂直于织物平面转入织物平面，然后发生线圈外形结构的变化，每个线圈宽度增加，线圈高度变小，从而使织物宽度增加很多。当外力去除后，罗纹组织还具有很大的恢复原状的能力。这是由于罗纹组织中连接正、反面线圈纵行的沉降弧，在受到横向拉伸时，发生更大的弯、扭转，潜藏着很大的弹力。一旦外力去除，就尽力恢复原状，促使织物的横向拉伸变形有较大的回复。

罗纹组织的弹性和延伸性与其正、反面线圈纵行的不同配置有关。罗纹织物的完全组织越大，则横向相对延伸性就越小，弹性也越小。

2. 脱散性

罗纹组织也有脱散现象。1+1罗纹组织只能逆编织方向脱散，因为沉降弧被正、反面线圈纵行之间的交叉串套牢牢地握持，当某一线圈中的纱线断裂时，这只线圈所处的纵行也只能逆编织方向脱散。其他如2+2罗纹、2+3罗纹等组织，由于相连在一起的正面或反面的同类线圈纵行同纬平针织物相似，故线圈除能逆编织方向脱散外，还可沿纵行顺编织方向脱散成1+1罗纹。

3. 卷边性

不同组合的罗纹组织，在边缘自由端的线圈也有卷边的趋势。在正、反面线圈纵行数相同的罗纹组织中，卷边力彼此平衡，因而基本不卷边。在正、反面线圈纵行数不同的罗纹组织中，卷边现象也不严重。

由于罗纹组织有很好的延伸性和弹性，卷边性小，而且顺编织方向不会脱散，因此它常被用于袖口、领口、裤口、袜口、下摆等，也可用作弹力衫、裤的组织结构。

（四）变化罗纹组织

由两个罗纹组织彼此叠加复合而成，即在一个罗纹组织线圈纵行之间，配置另一个罗纹组织的线圈纵行的组织称为双罗纹组织，属于罗纹组织的一种变化组织。在双罗纹组织的线圈结构中，一个罗纹组织的反面线圈纵行为另一个罗纹组织的正面线圈纵行所遮盖，即不管织物横向是否受到拉伸，在织物两面都只能看到正面线圈，因此也可称为双正面组织。由于双罗纹组织是由两个成圈系统形成一个完整的线圈横列，因此在同一横列上的相邻线圈在纵向彼此相差约半个圈高。双罗纹组织与罗纹组织相似，根据不同的织针配置方式，可以编织各种不同的双罗纹织物，如1+1双罗纹、2+2双罗纹和2+3双罗纹等组织，如图3-20为1+1双罗纹组织。双罗纹组织只能逆编织方向脱散，由于双罗纹组织的每个横列由两个罗纹线圈复合而成，线圈间摩擦较大，并且当织物中有一根纱线断裂时，另一组罗纹仍可担负外力的作用，防止破洞扩大，故脱散性较小；由于两组罗纹组织的卷边力彼此平衡，因此不会产生卷边现象，织物平整；在未充满系数和线圈纵行的配置与罗纹组织相同的条件下，其延伸性、弹性较罗纹组织小；由于双罗纹组织的两层线圈之间有一定的间隙，织物保暖性较好，被广泛用作春秋季用的衫、裤。

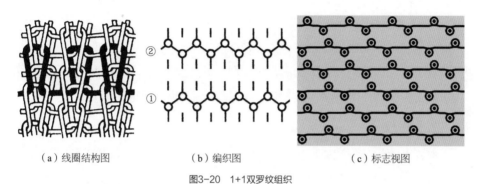

（a）线圈结构图　　　（b）编织图　　　（c）标志视图

图3-20　1+1双罗纹组织

三、双反面组织

（一）组织结构

双反面组织同样属于针织毛衫基本组织。它是由正面线圈横列和反面线圈横列相互交替配置而成，如图3-21所示为最基本的1＋1双反面组织，由一个正面线圈横列和一个反面线圈横列组成最小完全组织。双反面组织由于弯曲纱线弹力的关系导致线圈倾斜，使织物的两面都由线圈的圈弧凸出在前，圈柱凹陷在里，因而当织物不受外力作用时，在织物正反两面，看上去都像纬平针组织的反面，故称双反面组织。

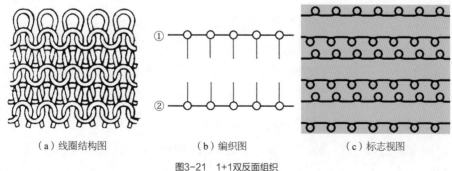

（a）线圈结构图　　　（b）编织图　　　（c）标志视图

图3-21　1+1双反面组织

在1+1双反面组织的基础上，可以产生不同的结构和花色效应，如不同正反面线圈横列数的相互交替配置可以形成2+2双反面、3+3双反面、2+3双反面等组织结构。

（二）组织特性

1. 延伸性和弹性

双反面组织纵向具有很大的延伸性和弹性。这是由于在自然状态下，线圈圈柱凹陷，使纵向缩短；在织物受到纵向拉伸时，倾斜的线圈伸直，圈柱暴露，然后才发生线圈的转移。同时拉伸时使线圈接触点间的压力增加，隐藏了更大的弹性势能，因此当外力去除后，恢复原状的特性较大。织物编织完成下机后由于线圈的倾斜，使织物纵向缩短，织物的纵向密度和厚度增大。

2. 脱散性

双反面组织具有和纬平针组织相同的易脱散性，与纬平针组织相同，可顺编织方向和逆编织方向脱散。

3. 卷边性

双反面组织的卷边性随正面线圈横列和反面线圈横列的组合不同而不同。如1+1、2+2这种由相同数目正反面线圈横列组合而成的双反面组织，因卷边力互相抵消，故不会卷边。

双反面组织被广泛地应用于毛衫、围巾、帽子和袜子生产中。

（三）变化双反面组织

在双反面组织中，按照花纹要求，在织物表面混合配置正反面线圈区域，可形成不同凹凸花纹。

图3-22为米粒凹凸效果双反面变化组织，采用一正一反线圈交替编织成圈，由此形成正反线圈对比的凹凸效果。

图3-23采用十针十行的正面线圈和反面线圈交叉编织，正反线圈连续编织的面积变大，从而形成反面线圈区域凸出在外，正面线圈区域凹进的块状凹凸效果组织。

图3-24为椭圆凹凸效果双反面变化组织，中间椭圆形区域采用反面线圈编织，其余均为正面线圈编织，最终形成反面线圈凸出在织物表面的椭圆形凹凸效果。

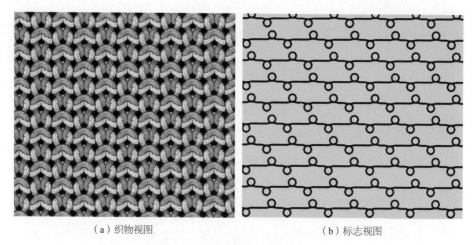

（a）织物视图　　　　　　　　　　（b）标志视图

图3-22　米粒凹凸效果双反面变化组织

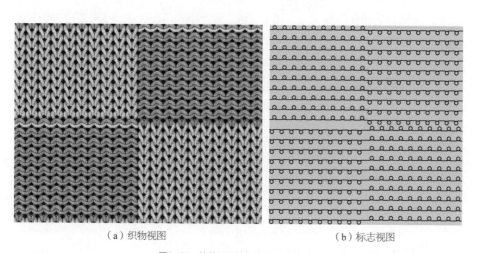

（a）织物视图　　　　　　　　　　（b）标志视图

图3-23　块状凹凸效果双反面变化组织

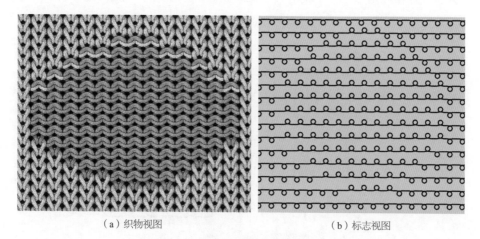

（a）织物视图　　　　　　　　　　（b）标志视图

图3-24　椭圆凹凸效果双反面变化组织

第三节 花色组织

花色组织是指利用线圈结构的改变，或者另外编入一些色纱、辅助纱线或其他纺织原料，以形成具有显著花色效应和不同机械性能的花色针织物，分为提花组织、集圈组织、移圈组织、嵌花组织、波纹组织等。

花色组织可以使产品更具有多样化，满足人们多方面的需要。花色组织中有的能形成各种色彩的花纹，以美化织物的外观；有的可使织物具有凹凸效应图案，以增加花纹的立体感；有的能呈现出大小不等的小孔，以增加织物的透气性。

一、集圈组织

（一）组织结构

集圈组织是指在针织物的某些线圈上，除了套有一个封闭的旧线圈外，还套有一个或几个未封闭悬弧的组织，其结构单元由集圈线圈和集圈悬弧构成。根据集圈的针数分为单针、双针、三针集圈等；根据没有脱圈的次数分为单列、双列、多列集圈；一般一枚针连续集圈次数不超过6次（列），因为集圈次数太多，旧线圈张力过大，会造成纱线断裂或针钩损坏。如图3-25所示为集圈组织的线圈结构图和电脑横机标志视图，图中集圈单元a为单针三列集圈，集圈单元b为双针双列集圈，集圈单元c为三针单列集圈。

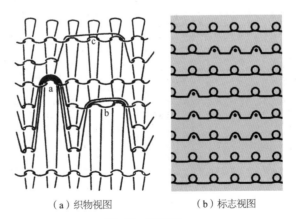

（a）织物视图　　　　　（b）标志视图

图3-25　集圈组织

（二）花色效应

1. 花纹图案效应

花纹图案效应又称颜色遮盖效应，拉长的集圈线圈在正面会覆盖悬弧，悬弧仅在反面显露；利用不同色纱的编织，并合理配置集圈悬弧和成圈线圈，在织物正面可得到各种色彩图案效应。通过如图3-26（a）所示的喂入黑白相间的纱线，并采用如图3-26（b）所示的成圈和集圈结构单元组合编织，最终会得到如图3-26（c）所示的黑白相间的纵条效果。

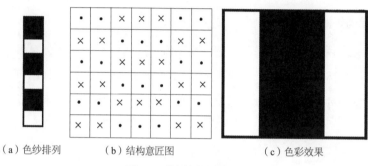

（a）色纱排列　　　（b）结构意匠图　　　（c）色彩效果

图3-26　纵条效应的集圈组织

2. 闪色效应

在编织过程中，由于集圈线圈未脱圈从而被拉长，较普通平针线圈来得大，曲率较小，光线照到这些大线圈上时，就会有比较明亮的感觉，从而形成闪色效应。

3. 网眼效应

在纱线弹性力的作用下，集圈悬弧力图伸直，将相邻的纵行向两侧推开，从而在相邻纵行和集圈之间形成网眼。如图3-27所示，由于集圈悬弧的作用，在红色圆点处会产生对称细小网眼。图3-28为形成网眼效应的集圈组织织物图。

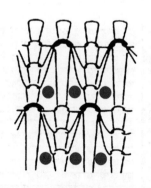 

图3-27　集圈网眼组织线圈结构图　　　图3-28　集圈网眼组织织物图

4. 凹凸效应

在集圈组织中，由于集圈线圈被拉长，普通线圈被抽紧，但集圈线圈伸长有限度，其高比相邻普通线圈总高要小，使得相邻的线圈凸出在织物的工艺正面；此外在多列集圈中，叠加的悬弧也会凸出在织物反面，从而产生明显的凹凸效应。

（三）组织分类

集圈组织根据基础组织的不同可分为单面集圈组织和双面集圈组织。

1. 单面集圈组织

在单面纬平针组织的基础上进行集圈编织的组织称为单面集圈组织。通过合理配置成圈和集圈单元可形成斜纹效应、菱形结构花纹、网眼效应等。

如图3-29所示，集圈单元呈双针斜线配置，形成由拉长的集圈线圈构成的斜纹效应。

图3-30中集圈单元呈单针菱形配置，形成具有菱形结构花纹的集圈组织。图3-31规律配置了双针和三针集圈单元，形成具有网眼效应和凹凸效应的单面集圈组织。

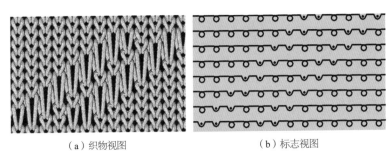

（a）织物视图　　　　　　　　　　（b）标志视图

图3-29　斜纹效应单面集圈组织

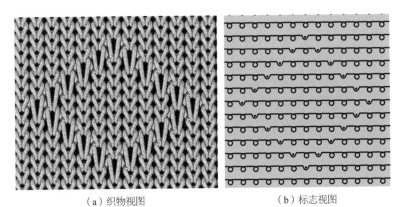

（a）织物视图　　　　　　　　　　（b）标志视图

图3-30　菱形花纹单面集圈组织

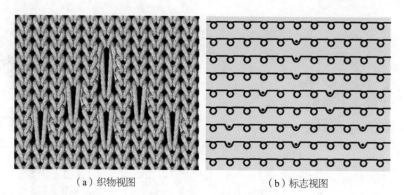

（a）织物视图　　　　　　　　（b）标志视图

图3-31　网眼效应单面集圈组织

2. 双面集圈组织

双面集圈组织是在双面组织的基础上进行集圈编织形成的，可在一个针床上进行集圈编织，也可在两个针床上进行集圈编织。常见的双面集圈组织有半畦编组织和畦编组织。

如图3-32为半畦编组织，集圈在一面形成，两个横列完成一个循环。织物结构不对称，两面外观效果不同，一面是单列集圈，一面是平针线圈。

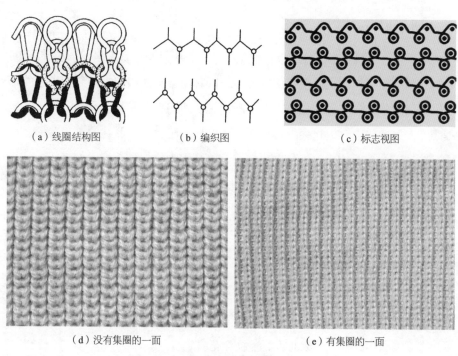

（a）线圈结构图　　　　（b）编织图　　　　　（c）标志视图

（d）没有集圈的一面　　　　　　　（e）有集圈的一面

图3-32　半畦编组织

如图3-33所示为畦编组织，在罗纹组织基础上，前后针床轮流进行集圈编织，集圈在两面形成，织物结构对称，两面外观效应相同。

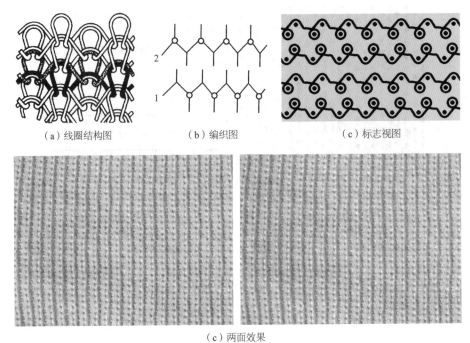

（a）线圈结构图   （b）编织图   （c）标志视图

（c）两面效果

图3-33　畦编组织

（四）组织特性

由于集圈悬弧把相邻线圈纵行往两边推开，所以织物宽度增大，长度缩短；多列悬弧叠加在织物反面使得织物变厚；同时由于集圈组织中与线圈串套的除了集圈线圈外，还有集圈悬弧，即使断裂一个线圈也会有其他线圈支持，在逆编织方向脱散线圈时，也会受到集圈悬弧的挤压阻挡，因此线圈不易脱落，织物脱散性较小；织物横向延伸性也较小，这是因为集圈悬弧接近伸直状态，横向拉伸织物时，纱线转移的数量较小所造成的。

二、波纹组织

（一）组织结构

波纹组织又称扳花组织，是由倾斜线圈组成的波纹状花纹的双面组织，倾斜线圈是在横机上按照波纹花型的要求移动针床形成的，其结构单元由倾斜线圈和直立线圈构成，可形成曲折、条纹等花纹效应。

移动针床也称扳针，半转移动一个针距，称为半转一扳，如图3-34所示；半转移动两个针距称为半转二扳；一转移动一个针距称为一转一扳，如图3-35所示。这里提到的半转指的是横机机头从左到右或从右到左移动一次编织一个横列，半转一扳即为每编织一个横列后移动针床一个针距；半转二扳为每编织一个横列后移动针床两个针距；而一转指的是机头编织一个来回即编织两个横列，一转一扳即为每编织两个横列后移动针床一个针距。

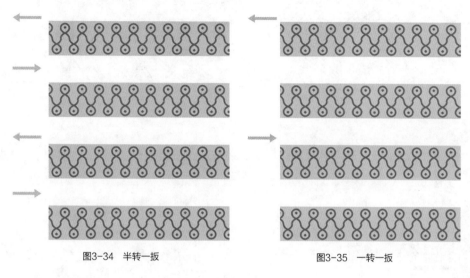

图3-34 半转一扳　　　　　　　　　　　图3-35 一转一扳

（二）组织分类

波纹组织根据采用的基础组织可分为罗纹波纹组织和集圈波纹组织。

1. 罗纹波纹组织（四平波纹组织）

罗纹波纹组织是以1+1罗纹（四平组织）为基础，配合针床移动所形成。图3-36（a）为采用半转一扳的方式编织的四平波纹组织，即每一横列编织后交替地将后针床相对于前针床向左或向右移动一个针距。虽然进行了针床横移，但由于纱线弹性力的作用，线圈将向针床移动的方向扭转，使线圈的曲折效应消失，在织物表面并不存在明显的波纹效应。为了形成线圈纵行呈曲折排列的罗纹，在每编织一个横列后，前针床可以向左或向右移过两个针距，即采用半转二扳方式编织。在这种情况下，线圈倾斜度较大，很难回到原来的位置，因而在织物表面呈现出曲折线圈纵行，如图3-36（b）所示。相对而言，一次移动针距数越多，线圈倾斜变形越大，编织时的阻力也会越大，也越有可能造成纱线断裂等现象，因此在实际编织过程中，可采用每次横移一个针距，向同一方向扳针多次的方式来增加织物表面线圈倾斜效果。

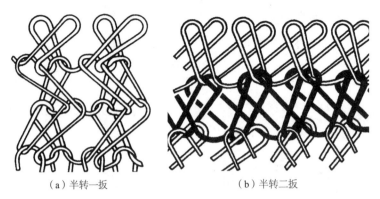

（a）半转一扳　　　　　　　　　　（b）半转二扳

图3-36　四平波纹组织

　　为了形成具有凹凸效果的曲折状花纹效应，可以采用抽针不完全罗纹组织为基础进行波纹编织，常用的有四平抽针波纹组织，反面织针采用满针编织，正面织针按要求采用抽针形式，以反面线圈作为地组织，正面线圈纵行由于针床移动而形成曲折状凸出在织物表面，形成凹凸的波纹外观。如图3-37所示为四平抽条波纹组织，该组织为每编织一个横列向右移动一次针床，先向右移动三次，然后向左移动三次，从而得到曲折状明显的波纹外观。

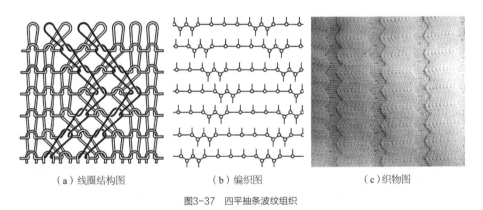

（a）线圈结构图　　　　　　　（b）编织图　　　　　　　（c）织物图

图3-37　四平抽条波纹组织

2. 集圈波纹组织

　　集圈波纹组织可在半畦编组织基础上编织，也可在畦编组织基础上编织。在编织集圈波纹组织时，由于集圈悬弧的存在，扳针的时间不同，线圈歪斜的方向不同，形成的波纹外观也不相同。其编织原理为如果在某个针床成圈后移动该针床，则该针床编织的线圈呈倾斜状态，倾斜方向与针床移动方向相同；如果某针床集圈后移动针床，则另一个不移动的针床编织的线圈呈倾斜状态，倾斜方向与针床移动的方向相反。图3-38为采用不同方式扳针形成不同波纹效果的集圈波纹组织。

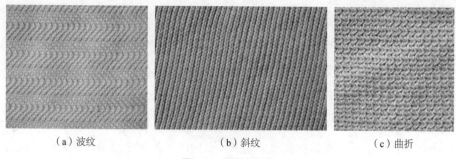

(a) 波纹   (b) 斜纹   (c) 曲折

图3-38　集圈波纹组织

（三）组织特性

波纹组织的性能基本和基础组织相同，由于编织过程中增加了针床横移，使得织物宽度比基础组织宽，长度减少。如果采用抽针罗纹来编织波纹组织，则可减轻织物重量，减少原料损耗。

三、移圈类组织

（一）组织结构

移圈组织又称纱罗组织，是在基本组织基础上，按照花纹要求将某些线圈进行移圈形成的组织，其结构单元由转移的线圈和普通的线圈构成。

（二）花色效应

1. 孔眼效应

在移圈组织编织过程中要把某些线圈进行转移，由于移圈处的线圈纵行中断，因此外观呈现孔眼效应。

2. 绞花效应

单面处两个或多个线圈相互进行移圈，移圈处线圈纵行进行相互交叉但并不中断，外观呈现扭曲效应，又称拧花、麻花效应。

3. 凹凸效应

在编织过程中按照一定的顺序进行移圈，在被移走的线圈纵行处得到了凹纹，在线圈转移到的纵行处由于线圈的叠加而产生凸纹效应。

（三）组织分类

采用不同的基本组织和不同的移圈方式，可以形成不同的移圈组织。毛衫中常见的有挑花、绞花和阿兰花三大类。

1. 移圈组织——挑花

挑花类移圈组织又称挑孔类移圈组织，是在毛衫基本组织的基础上，根据花纹的要求，在不同针、不同方向进行移圈。当一个线圈被转移到其相邻线圈上之后，纵行处线圈出现中断，从而在原来的位置上出现一个孔眼，适当安排孔眼的位置，就可以在织物表面形成由孔眼构成的各种花型或几何图案。挑花类移圈组织可以在单面组织基础上形成，也可以在双面组织基础上形成。

如图3-39所示，根据花型设计要求，对中间的红色线圈进行了向右移圈，使得该位置出现了线圈中断，从而在红色线圈处形成了一个孔眼。红色线圈可以往不同方向转移，移圈方向不同形成的孔眼方向也不相同。

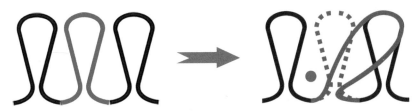

图3-39 孔眼的形成

影响挑孔织物花纹效果的因素很多，主要有孔眼的分布方式、移圈方向和移圈的针数，不同的挑孔方式形成的孔眼效果完全不同。

如图3-40和图3-41所示分别为隔行挑孔移圈和连续挑孔移圈组织。如图3-40（a）所示，隔行挑孔移圈为每编织两个横列即一转移圈一次，又称一转一挑；连续挑孔移圈如图3-41（a）所示，每编织一个横列即半转移圈一次，又称半转一挑；两者形成的孔眼的形状明显不同。一般在毛衫生产中，考虑到编织效率，隔行挑孔移圈组织较为常见。

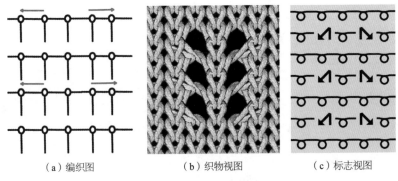

（a）编织图　　　　　　（b）织物视图　　　　　　（c）标志视图

图3-40　隔行挑孔移圈组织

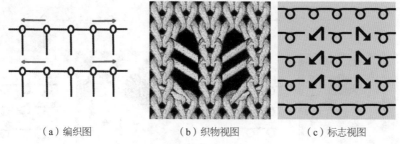

（a）编织图　　　　　　　　（b）织物视图　　　　　　　（c）标志视图

图3-41 连续挑孔移圈组织

图3-42为同一针隔行挑孔移圈，每次移圈均在同一枚织针上进行，且所有线圈均向左转移，形成一致向左的直线孔眼效果。

图3-43为不同针隔行挑孔移圈组织，移圈在不同织针上进行，从而形成菱形图案孔眼结构效果。

图3-44为不同方向挑孔的移圈组织。图3-44（a）线圈向左转移，而图3-44（b）线圈向右转移，分别形成向左倾斜和向右倾斜的孔眼。

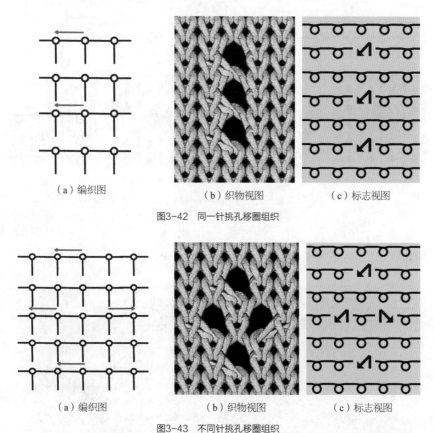

（a）编织图　　　　　　　　（b）织物视图　　　　　　　（c）标志视图

图3-42 同一针挑孔移圈组织

（a）编织图　　　　　　　　（b）织物视图　　　　　　　（c）标志视图

图3-43 不同针挑孔移圈组织

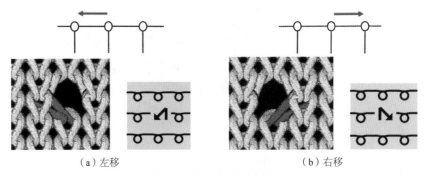

（a）左移　　　　　　　　　　　　　　（b）右移

图3-44　不同方向挑孔移圈组织

　　如图3-45为分别采用单针移圈和多针（双针）移圈的挑孔组织，两种组织移圈方向一致均向右移圈，均形成了向右倾斜的孔眼效果。可见虽然两者移圈针数不一样，但形成的孔眼数量相同，不同之处在于对于多针移圈挑孔组织而言，除了在移圈处形成一个孔眼外，孔眼右边还同时形成了一个倾斜线圈，且倾斜线圈的数量随移圈针数的变化而变化。

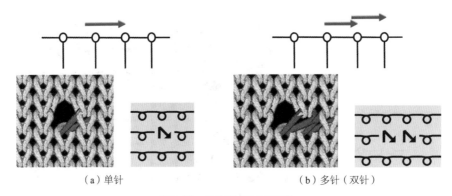

（a）单针　　　　　　　　　　　　（b）多针（双针）

图3-45　不同针数挑孔移圈组织

　　通过以上移圈方式的不同组合，可形成不同孔眼花纹效果的织物，如图3-46所示。挑孔组织在女式毛衫中非常常见，尤其是夏季针织服装上。

图3-46　不同孔眼效果挑花织物

2. 移圈组织——绞花

绞花类移圈组织是根据花型设计的要求，将两枚或多枚相邻织针上的线圈相互移圈，使这些线圈的圈柱彼此交叉起来，形成具有扭曲图案花型的一种织物。图3-47为绞花花型的形成过程，通过相邻线圈之间的相互转移，织物表面会形成凹凸效果和扭绳外观。

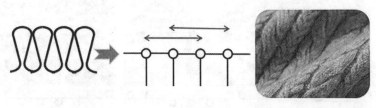

图3-47　绞花的形成

绞花组织根据基础组织的不同可分为单面绞花组织和双面绞花组织。如图3-48（a）所示，在单面纬平针组织基础上进行相邻织针的相互移圈，为单面绞花组织。如图3-48（b）所示，在罗纹组织的基础上进行相互移圈，绞花线圈纵行显示为正面线圈，两边相邻纵行线圈为反面线圈，称为双面绞花组织。相比之下，双面绞花组织由于正反线圈纵行的对比，其扭绳效果和凹凸效果比单面绞花要更加明显。因此，针织毛衫设计中，在双面组织基础上编织绞花更为多见。

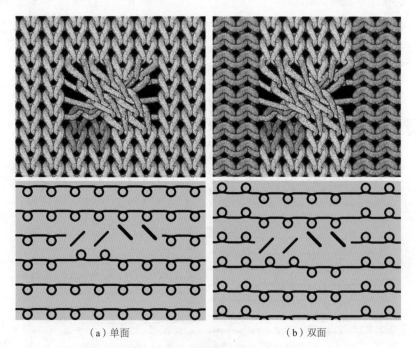

（a）单面　　　　　　　　　　（b）双面

图3-48　单双面绞花组织

绞花组织根据左右相互移圈线圈数的不同，又可分为1×1绞花、2×2绞花、3×2绞花、3×3绞花等。如图3-49所示，为不同移圈线圈数的绞花，左右移圈的线圈数可以相同，也可以不同。

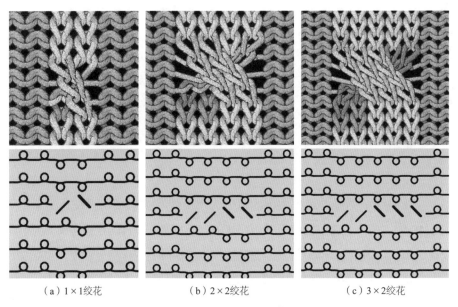

（a）1×1绞花　　　　　　（b）2×2绞花　　　　　　（c）3×2绞花

图3-49　不同移圈线圈数的绞花组织

绞花组织根据左右移圈线圈的上下位置还可以分为左绞绞花和右绞绞花，左边线圈在上、右边线圈在下的为左绞绞花，右边线圈在上、左边线圈在下的为右绞绞花。如图3-50所示，分别为3×3左绞绞花和3×3右绞绞花。

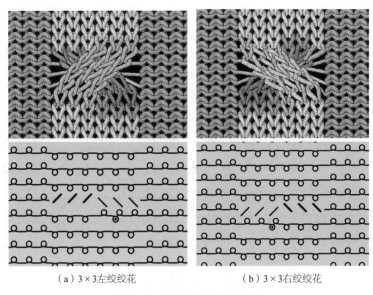

（a）3×3左绞绞花　　　　　　（b）3×3右绞绞花

图3-50　不同移圈方向的绞花组织

特别要注意的是，在编织时为了方便绞花操作，通常在需要绞花的前一个横列，将与后针床需要绞花的织针对应的前针床的织针推入编织区，使其参加钩纱，但紧接着该针脱圈，将纱线转移给后针床需要绞花的织针，并将该前针床的织针再次掀到停针区，然后进行线圈之间的相互移圈，如图3-51所示。否则会因为移圈时线圈太小张力太大导致脱圈或纱线断裂，从而影响编织过程顺利进行。

绞花组织装饰性非常强，在毛衫中常见。图3-52为各种不同扭绳效果的绞花组织，凹凸立体扭绳效果尤为明显，在秋冬季毛衫上常见。

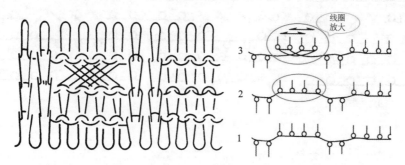

图3-51 绞花组织的编织

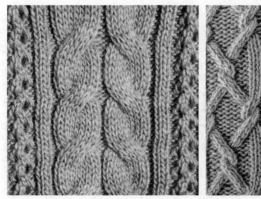

图3-52 绞花组织

3. 移圈组织——阿兰花

阿兰花是指利用移圈的方式使相邻纵行上线圈相互交换位置，在织物中形成凸出于织物表面的倾斜线圈纵行，组成菱形、网格等各种结构花型。其工艺特点是前后针床的织针在不同针床上按相反方向进行移圈。图3-53为阿兰花的移圈

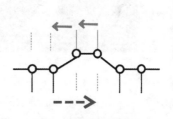

图3-53 阿兰花的移圈工艺

工艺，后针床织针往左移，前针床织针往右移；反之则相反。

根据移圈线圈数的不同，可分为1×1阿兰花、2×1阿兰花等，如图3-54所示。

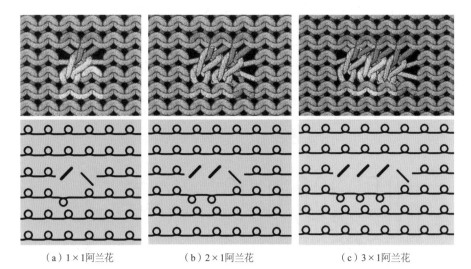

（a）1×1阿兰花　　　　（b）2×1阿兰花　　　　（c）3×1阿兰花

图3-54　不同移圈数的阿兰花

阿兰花可形成菱形、网格、曲折条纹等各种效果。图3-55为形成了菱形效果的阿兰花组织。

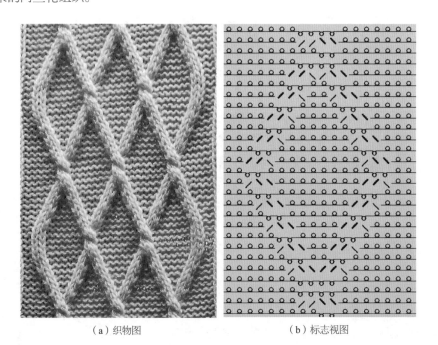

（a）织物图　　　　　　　　　（b）标志视图

图3-55　菱形效果阿兰花

四、提花组织

（一）组织结构

提花组织是将纱线垫放在按花纹要求所选择的某些织针上编织成圈，而未垫放纱线的织针不成圈，纱线呈浮线浮在这些不参加编织的织针后面所形成的一种花色组织，其结构单元由线圈和浮线构成。

（二）花纹效应

1. 图案效应

由于浮线为正面线圈所遮盖，利用不同色纱的组合编织可得到各种效果色彩花纹效应。对于提花组织而言其最大的特点就是可产生色彩丰富、形式自由的图案纹样，花型逼真、别致、美观。提花组织在手摇横机上的编织需要用提花横机，但编织效率低且花色图案简单，而在电脑横机上设计提花花型方便快捷，花型丰富，且编织效率高。

2. 凹凸效应

（1）将平针线圈与提花线圈以一定比例间隔配置。由于纱线转移，提花线圈大于平针线圈，平针线圈被抽紧，凹进织物内，提花线圈大而松，凸出在织物表面，从而形成凹凸效应。

（2）有规律地配置线圈指数（某一线圈连续不脱圈的次数）大的提花线圈与平针线圈，这些线圈指数较大的提花线圈被拉长，将相邻的平针线圈抽紧，但提花线圈的拉长有一定限制，从而将抽紧的平针线圈区域凸出在织物表面呈现凹凸效应。

（三）组织分类

提花组织根据基础组织的不同可分为单面提花和双面提花，根据参与编织的纱线数可分为单色提花、双色提花、多色提花等。

1. 单面提花组织

在单面组织基础上进行提花编织形成提花图案的组织称为单面提花组织。根据线圈大小的不同，单面提花组织可分为均匀提花和不均匀提花。图3-56为均匀和不均匀单面提花组织的线圈结构图和工艺图，单面均匀提花组织的线圈大小基本相同，每个线圈后面都有浮线，浮线数等于色纱数减一，由于浮线太长容易勾丝，一般同一种颜色连续编织在4~5个圈距为宜；而单面不均匀提花组织的线圈大小不完全相同，结构不均匀，外观会形成凹凸效应。

单面提花组织根据不同色纱数的组合，可以得到各种不同的色彩图案效果。图3-57为单面两色提花组织正反面织物视图和工艺视图，通过两种颜色纱线的组合编织，正面形成蓝黑相间的千鸟格图案，反面每个线圈后面会有一根浮线，浮线不宜太长，否则影响毛衫服用性能。

图3-58为单面三色提花组织正反面织物视图和工艺视图，通过白、橙、紫三种颜色纱线的组合编织，正面形成三色相间的方格图案，反面每个线圈后面会有两根浮线。

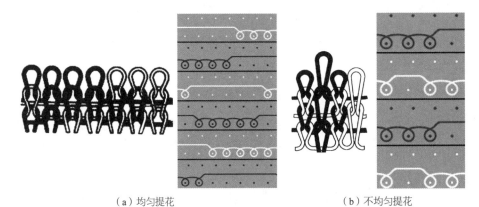

（a）均匀提花　　　　　　　　　　　　　　（b）不均匀提花

图3-56　单面提花组织线圈结构图和工艺图

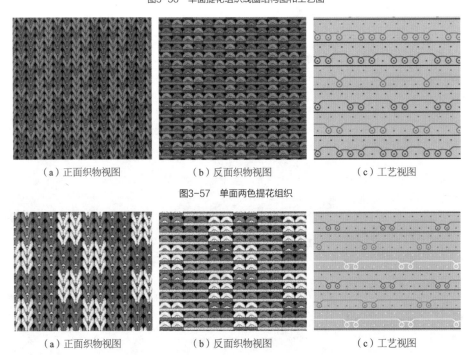

（a）正面织物视图　　　　　（b）反面织物视图　　　　　（c）工艺视图

图3-57　单面两色提花组织

（a）正面织物视图　　　　　（b）反面织物视图　　　　　（c）工艺视图

图3-58　单面三色提花组织

2.双面提花组织

在双面组织的基础上进行提花编织而形成提花图案的组织称为双面提花组织。一般织物正面按一定的花纹要求进行选针提花编织作为效应面,反面按一定的结构进行编织作为织物反面;按照反面效果的不同双面提花组织可以分为横条提花、芝麻点提花、空气层提花、露底提花和天竺提花等。

(1)横条提花。横条提花指的是每一个横列编织时,正面按花型要求进行选针编织,而反面在每一种纱线编织时后针床全部织针都参与编织,一种色纱编织一个横列。由于前后针床织针参与编织的次数不同,织物正反面形成的线圈横列数也明显不同,反面线圈横列数明显大于正面线圈的横列数,即反面线圈纵密总是比正面线圈纵密大,且其差异取决于色纱数。如为两色横条提花,则正反面纵密比为1∶2,如为三色横条提花,则正反面纵密比为1∶3。图3-59为两色横条提花组织,正面形成花纹图案,反面形成两色相间的横条纹效果。在横条提花组织设计时,由于正反面线圈横列数随色纱数差异较大,所以色纱数不宜太多,一般以2~3色为宜。

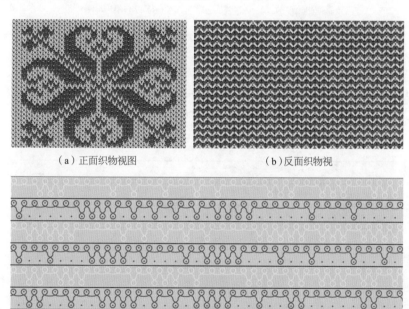

(a)正面织物视图　　　　　　　　(b)反面织物视

(c)工艺视图

图3-59　两色横条提花组织

（2）芝麻点提花。芝麻点提花指的是正面按花型要求进行选针编织，反面由两种色纱以1隔1的方式轮流进行编织，在反面形成芝麻点的效果。芝麻点提花组织的正反面的线圈横列数随色纱数的变化而不同，若为两色芝麻点提花，则正反面线圈横列数相同，正反面线圈纵密比为1∶1，织物最为平整；若为三色芝麻点提花，正反面线圈纵密比则为2∶3，反面线圈横列数多于正面线圈横列数。图3-60为两色芝麻点提花组织，正面形成金鱼图案，反面线圈呈芝麻点排列，正反面线圈横列数完全相同，织物较为平整。

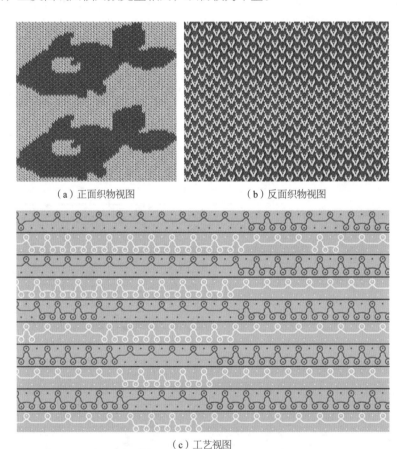

（a）正面织物视图　　　　　　　　（b）反面织物视图

（c）工艺视图

图3-60　两色芝麻点提花组织

（3）空气层提花。空气层提花是指不同颜色的纱线按照花纹图案分别在前后针床编织，然后在图案颜色变换处进行交叉编织，把前后层织片连接在一起。因此空气层提花织物正反两面均有相同的花型图案，但图案颜色正好相反。同时对于空气层组织而言，在同一个相连的颜色区域内，两种不同颜色的纱线是分开单独在某一针床上连续编织，两层之间没有纱线连接，可以相互分离，类似于双层纬平针组织，因此织物中间有空气层，织物比较厚实，布面较为平

整。图3-61为两色双面空气层提花，在织物两面各自形成了白色和灰色的小鹿
图案。

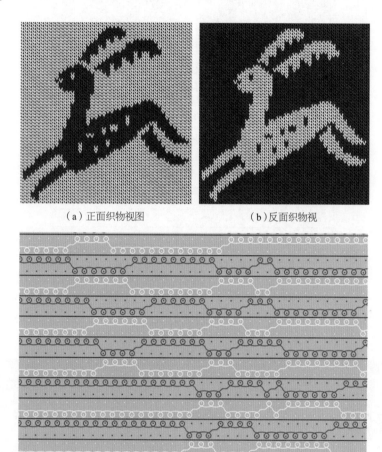

（a）正面织物视图　　　　　　（b）反面织物视

（c）工艺视图

图3-61　两色空气层提花组织

　　图3-62为三色空气层提花组织，正面由白、橙、红三色形成圆形花瓣图
案，反面形成同样的图案外形轮廓，其编织原理为正面一种颜色编织，相对应
的织物反面由另外两种颜色进行一隔一芝麻点的编织。

　　（4）露底提花。露底提花又称翻针提花，指的是在编织过程部分正面线圈
进行了翻针编织的组织，使得在提花的正面花型部分显露了地组织的反面线圈。
如图3-63所示为露底提花组织，正面的花型部分由反面线圈构成，呈现为单面
结构，其余部分为双面结构；织物的反面和芝麻点提花一样两种颜色的线圈交
错排列，呈芝麻点外观。露底提花中图案部分因为是单面编织，所以织物正面
立体感强，凹凸效果明显。

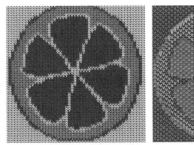

（a）正面织物视图　　　　　　（b）反面织物视

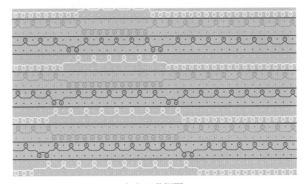

（c）工艺视图

图3-62　三色空气层提花组织

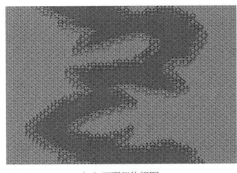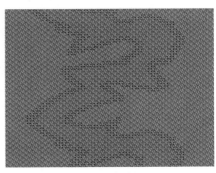

（a）正面织物视图　　　　　　　（b）反面织物视

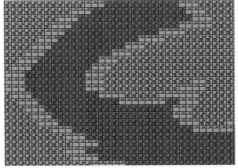

（c）标志视图　　　　　　　　　（d）工艺视图

图3-63　露底提花组织

提花组织种类繁多，不同的提花方式适合于不同的花型。因此，在实际毛衫组织设计过程中，要结合具体的花纹特点选择合适的提花方式。图3-64为不同提花方式的提花织物。

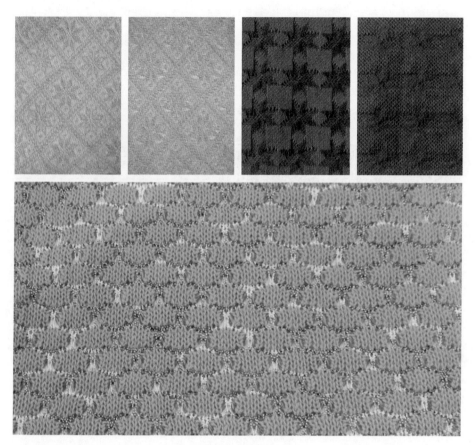

图3-64 提花织物

五、嵌花组织

嵌花组织是指用不同颜色或不同种类的纱线编织而成的纯色区域的色块，相互连接拼成花色图案组成的织物。图3-65所示为嵌花组织的线圈结构图。

嵌花技术是一种选针与纱线交换相结合的新技术，与提花技术不同，既像提花技术那样用不同的纱线形成

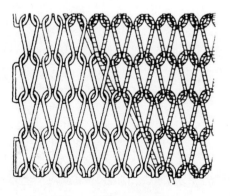

图3-65 嵌花组织线圈结构图

各种花纹图案，而又不使同一纱线跳过未被选到的织针，在织物反面形成浮线，故又称无虚线提花技术。嵌花组织织物较多的是单面织物。

形成嵌花的一个先决条件是机器要具有改变线圈横列形成方向的性能。在编织过程中，改变导纱器的移动范围，即每种纱线的导纱器只能在它自己颜色区域内垫纱，区域内垫纱结束后，将导纱器留下，直到下一横列机头返回时再带动编织。在下一个颜色区域的边缘，另一个导纱器继续编织这一横列。图3-66为嵌花组织，在黄色线圈地组织上通过嵌花工艺形成红色长方形图案。嵌花组织花纹图案清晰，色彩纯净，织物反面没有色纱重叠，因而更加舒适。

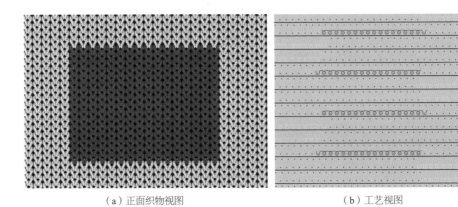

（a）正面织物视图　　　　　　　　　　　　　（b）工艺视图

图3-66　嵌花组织

六、添纱组织

（一）组织结构

针织物的一部分线圈或全部线圈是由两根或两根以上的纱线形成，这种组织称为添纱组织。添纱组织中一个单元添纱线圈中的两根纱线的相对位置不是随意的，而是确定的相互重叠，并在一起形成的双线圈组织。通过采用不同种类的纱线和不同颜色的纱线编织，可以使针织物正、反面具有不同的色泽及性质，同时通过采用两根不同捻向的纱线进行编织还可以消除针织物的线圈歪斜。

（二）组织分类

添纱组织根据基础组织的不同可分为单面添纱与双面添纱组织。根据参与编织的纱线颜色数可分为单色添纱组织和花色添纱组织；根据添纱位置可分为全部线圈添纱和部分线圈添纱。全部线圈添纱包括单色添纱组织和交换添纱组织；部分线圈添纱包括架空添纱和绣花添纱。

1. 单色添纱组织

所有的线圈都由两根或两根以上的纱线形成，其中一根纱线（面纱或添纱）始终在正面显露，另一根纱线（地纱）始终在反面显露。

图3-67为单面单色添纱组织，黑色面纱2处于圈柱的正面，白色地纱1处于圈柱的里面，被黑色面纱覆盖，从而织物正面显示为黑色线圈，织物反面显示为白色线圈。当采用两种不同色彩和性质的纱线作面纱和地纱时，可得到两面具有不同色彩和服用性能的织物。例如，用棉纱作地纱，合成纤维纱线作面纱编织，可得到单面"丝盖棉"织物。两种原料相互取长补短，可提高织物的服用性能。

图3-68为双面单色添纱组织，以1+2罗纹组织为基础编织的，从图中可以看出，正面线圈纵行是面纱1呈现在织物表面，而反面线圈纵行主要是地纱2呈现在表面，这样织物表面产生两种色彩或性质不同的纵条纹。

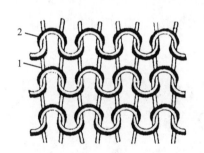 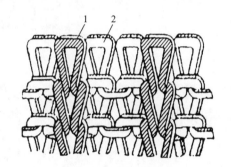

图3-67 单面单色添纱组织
1— 面纱（添纱） 2—地纱

图3-68 双面单色添纱组织
1— 面纱（添纱） 2—地纱

2. 交换添纱组织

交换添纱组织指的是所有的线圈都由两根纱线形成，为形成花纹，有时地纱处于织物的正面，面纱处于反面。其缺点为在纱线交换位置的地方彼此交叉，带有杂色，形成的花纹不够清晰，如图3-69所示。

3. 架空添纱组织（浮线添纱组织）

图3-70为架空添纱组织，指的是将与地组织同色或异色的纱线沿横向覆盖在织物的部分线圈上；在某些地方参与成圈的纱线只有一根，另一根纱线呈浮线位于织物反面。织物由两根纱线形成，地纱在所有织针上编织成圈，面纱只有某些织针上编织成圈，不成圈处的面纱呈延展线状处于织物反面。一般地纱用较细的纱线编织，面纱用较粗的纱线编织，所以在面纱不成圈处会形成孔眼。

4. 绣花添纱

图3-71为绣花添纱组织，指的是将与地组织同色或异色的纱线沿纵向覆盖在织物的部分线圈上形成的一种局部添纱组织；地纱始终成圈，面纱垫在那些需要形成花纹的针上且始终处在正面，显示出花色效应。

在针织毛衫中，最常用的为单色添纱组织。图3-72为在单面挑花移圈组织的基础上采用两种颜色的纱线进行添纱编织，从而在织物两面呈现黄蓝两种不同颜色的纱线。

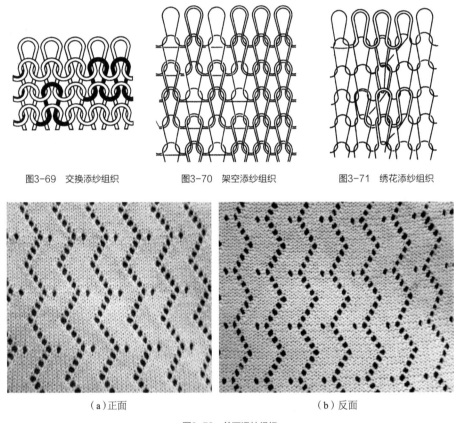

图3-69　交换添纱组织　　　　图3-70　架空添纱组织　　　　图3-71　绣花添纱组织

（a）正面　　　　　　　　　　　　　　（b）反面

图3-72　单面添纱组织

图3-73　双面添纱组织

图3-73为双面添纱组织，基础组织为变化双反面组织，通过两种不同颜色纱线的添纱编织，织物两面的正面线圈呈现一种颜色（粉红色），反面线圈呈现另一种颜色（黄色），从而使织物除了形成凹凸立体效果外，还具有色彩上的方格图案效果。

七、复合组织

由两种或两种以上的组织复合而成的组织称为复合组织。复合组织种类繁多，通过组织和纱线的任意组合，可形成丰富的结构和花纹效果。

（一）空气层组织

在针织毛衫中，最常见的空气层组织为罗纹半空气层组织和罗纹空气层组织。

1. 罗纹半空气层组织

罗纹半空气层组织又称三平空转组织，如图3-74所示，一个完全组织由两个工艺行形成，即由一个横列满针罗纹和一个横列平针组织复合编织而成。织物两面具有不同外观，尺寸稳定性较好，手感柔软，坯布较厚实，常用于男、女开衫、套衫等。

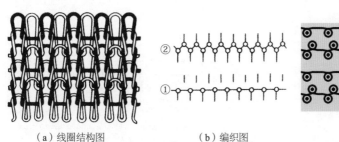

（a）线圈结构图　　　　　（b）编织图　　　　　（c）标志视图

图3-74　罗纹半空气层组织

2. 罗纹空气层组织

罗纹空气层组织又称四平空转组织，如图3-75所示，一个完全组织由三个工艺行形成，由一个横列满针罗纹组织与前后针床分别编织的平针组织复合而

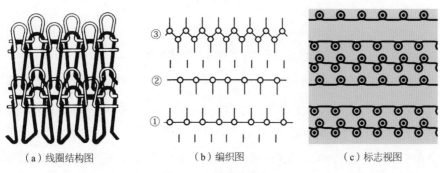

（a）线圈结构图　　　　　（b）编织图　　　　　（c）标志视图

图3-75　罗纹空气层组织

成。织物两面具有同样的外观效果，结构紧密，横向延伸性小，尺寸稳定性好。比同机号、同纱支的罗纹要厚实、挺括、保暖性好，且有横条效应，是针织毛衫外衣化、时装化较为理想的织物。

（二）凸条组织

凸条是指针织物表面呈条状凸起的效果，使织物具有明显的立体效应。

1. 闭口凸条

如图3-76所示，在纬平针组织的基础上，先采用一个横列的罗纹编织，再由前针床织针单独编织七个横列的正面线圈横列，后针床织针不编织，最后把后针床线圈翻针到前针床，使两针床上的线圈连接在一起。由于正面线圈编织的横列数比反面线圈横列要多得多，因此多出来的正面线圈横列会凸起在织物表面，形成闭口的横凸条。在编织过程中，前针床单独编织的行数可以增加或缩小，行数不同，凸起效果也不同，但最多不能超过9行，否则会因为编织时牵拉力不足造成漏针。

 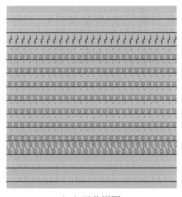

（a）织物图　　　　　　　　　　　（b）工艺视图

图3-76　闭口横凸条

根据闭口横凸条的编织原理，把同一个横列罗纹编织和一次性整行翻针变为曲折状，从而可以形成曲折状闭口凸条，如图3-77所示。

图3-78为提花闭口横凸条织物图和编织图，其编织原理和闭口横凸条基本一致，但也有不同。在单面纬平针组织的基础上，先编织一个横列满针罗纹，然后后针床织针持圈不编织，前针床织针采用两种颜色的纱线轮流进行单面提花组织编织，编织一定行数后把后针床线圈翻到前针床，形成提花闭口横凸条。特别要注意的是，两色单面提花编织两个工艺行才能形成一个花型行，因此编织的工艺行不能太少，否则会影响凸起的效果。

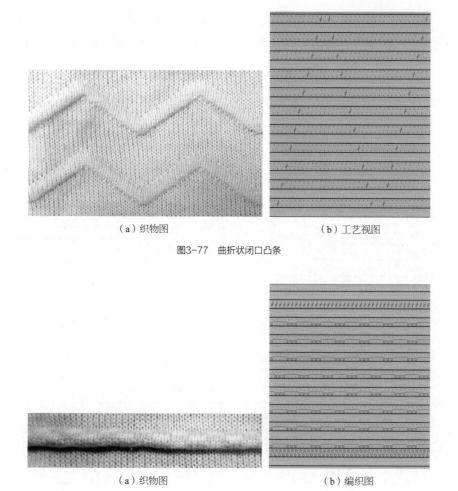

（a）织物图　　　　　　　　　（b）工艺视图

图3-77　曲折状闭口凸条

（a）织物图　　　　　　　　　（b）编织图

图3-78　提花闭口横凸条

2. 开口凸条

图3-79为开口横凸条织物图和编织图，在由前针床织针编织的纬平针组织的基础上，先把前针床织针上的线圈通过翻针全部转移到后针床相对的织针上，此时前针床织针上没有线圈，后针床织针上握持有线圈；再把前针床织针采用一隔一空针起针的方式交错成圈编织四行，然后进行六行的纬平针组织编织，此处纬平针编织的行数决定着凸条的宽度；最后把后针床的线圈翻回到前针床，连接两个针床上的线圈后完成开口横凸条的编织。在编织开口横凸条起始处，必须进行2～4行的1隔1针的单面编织，且密度要比正常纬平针组织编织要紧密些，目的是防止在空针起针状态下由于新线圈没有牵拉力而产生线圈脱圈。

如图3-80所示，同样根据开口横凸条的编织原理，改变后针床翻针回前针床编织的顺序，不再和开口横凸条一样一次性把后针床织针上的线圈翻回前针床，而是采用分次翻针的方式依次把后针床织针上的线圈翻回到前针床，从而形成曲折开口凸条效果。

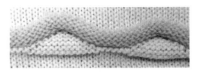

（a）织物图

（a）织物图

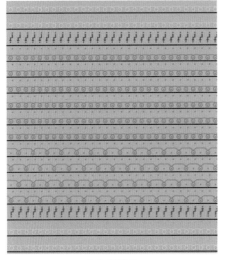

（b）编织图

图3-79　开口横凸条

（b）编织图

图3-80　曲折开口凸条

 考与练习

1. 毛衫组织结构表示方法有哪几种？

2. 毛衫基本组织有哪几种？各有什么特性？用编织图表示。

3. 毛衫基本组织中什么组织卷边性最好？什么组织横向或纵向延伸性最好？

4. 毛衫花色组织有哪些？各有什么特性？

5. 毛衫各类组织结构各自能形成什么结构效果和花色效果？

第四章

毛衫组织的设计及实例分析

📖 **本章知识点**

1. 毛衫各类效果针织物组织设计的方法。
2. 毛衫组织设计实例分析。

　　针织毛衫的组织设计是整个毛衫设计的基础，设计过程中应综合考虑各种组织的特性、款式及服用性能。毛衫组织结构设计的方法具有多样化，可以通过结构单元的变化和组合、纱线的搭配以及添加适当的装饰等手法得到丰富多彩、各式各样的毛衫组织。

第一节　凹凸效果组织设计

一、凹凸效果

　　由于针织线圈配置方式不同，形成织物后在其表面常常形成规则或不规则的凹凸效应，凹凸单元的分布或构成形式均可以形成丰富的图案效应，花型效果新颖别致，立体感强，手感丰厚，是毛衫组织设计中一种常用效果。

二、凹凸效果组织设计方法

（一）正反线圈的对比排列组合形成凹凸效果

　　在横机上编织时，正反线圈是由前后针床分别编织的，合理搭配正反面线圈可形成具有各种花纹的凹凸立体效果针织物。例如，由正面线圈横列和反面线圈横列组合搭配形成横条纹的双反面组织，正反面线圈横列数的多少直接影响横条纹的宽度；由正面线圈纵行和反面线圈纵行按一定比例搭配形成纵条纹的罗纹组织，正反面线圈纵行数的多少直接影响纵条纹的宽度；利用正反线圈按一定规律配置的变化双反面组织，可形成平行四边形、菱形等各种结构凹凸花纹效果。

　　图4-1为双反面凹凸效果组织，反面线圈横列凸出在外，正面线圈横列凹陷在里，正反面线圈横列对比形成横凸条效果。

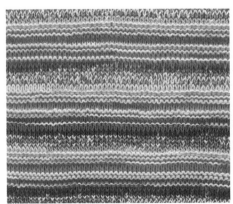

图4-1　双反面凹凸效果组织

　　图4-2为罗纹凹凸效果组织，正面线圈纵行凸出在外，反面线圈纵行凹陷在里；通过不同正反线圈纵行数的组合，形成不同宽度的纵凸条效果。

图4-2　罗纹凹凸效果组织

　　图4-3和图4-4通过正反面线圈按一定规律组合配置，分别形成反面线圈凸出在外、正面线圈往里凹进，立体效果明显的平行四边形和方块形结构图案效果。

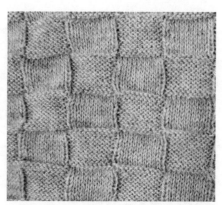

图4-3　正反针平行四边形凹凸效果组织　　　　图4-4　正反针方形凹凸效果组织

（二）线圈结构单元的变化形成凹凸效果

　　通过线圈结构单元的变化形成提花和集圈花色组织，由于浮线和集圈悬弧的作用可形成凹凸效果。

　　图4-5为提花凹凸效果组织织物图，利用粉蓝两色纱线结合提花和翻针编织，使浮线显露在织物正面，既形成一定的装饰效果，又形成明显的凹凸效应。

　　图4-6为集圈凹凸效果组织织物图，织物采用规则的集圈编织，并通过翻针将集圈悬弧显露在织物正面，形成集圈悬弧凸出在织物表面的凹凸效果。

图4-5 提花凹凸效果组织　　　　　　　　图4-6 集圈凹凸效果组织

（三）线圈的转移或针床横移形成凹凸效果

通过线圈的转移形成的移圈类组织，由于线圈位置的变化以及移圈后产生的线圈交叉和重叠在织物表面会形成一定的凹凸效果。

图4-7为挑孔移圈凹凸组织，通过单个或多个线圈的转移不仅形成了孔眼效果，同时还形成了由移圈线圈构成的凹凸立体效果。

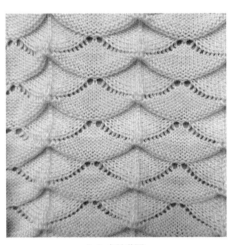

（a）多针移圈　　　　　　　　　　　（b）单针移圈

图4-7 挑孔移圈凹凸组织

图4-8为绞花阿兰花移圈凹凸组织，通过线圈间的相互转移，在织物表面形成扭曲、麻花、菱形等效果，凹凸立体感十分明显。

图4-9为抽针波纹凹凸组织，在不完全罗纹组织的基础上，通过针床的横移形成波纹组织，曲折凹凸效果明显。

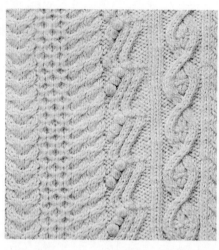

图4-8 绞花阿兰花移圈凹凸组织

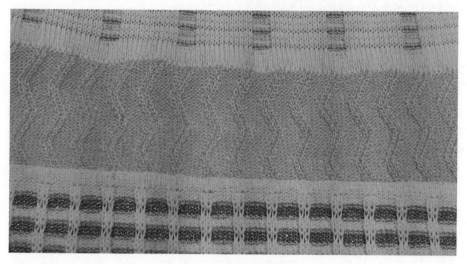

图4-9 抽针波纹凹凸组织

（四）不同纱线或不同密度对比形成凹凸效果

采用不同粗细的纱线或者不同缩率的纱线进行对比编织，织物表面会呈现凹凸效果；若同一织物中不同线圈采用不同的密度进行编织，由于不同线圈大小的对比也会形成凹凸效果。

图4-10为采用两种或三种不同颜色、不同弹性的纱线进行空气层提花组织的编织，一种纱线为弹性纱线，另一种纱线为普通纱线，编织后在自由状态下由于弹性纱线产生收缩，使其编织区域面积缩小；而普通纱线不收缩，编织区域没有变化，使得普通纱线编织区域面积大于弹性纱线编织区域面积，从而凸出在织物表面，产生浮雕感的立体凹凸效果。

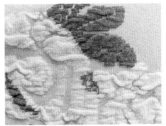

图4-10 不同缩率纱线对比编织的凹凸组织

图4-11为采用两种不同的纱线进行编织，由于蓝白不同种类纱线的对比产生凹凸效果。

图4-12为不同横列采用不同粗细的蓝色纱线编织的凹凸效应组织，部分横列采用较粗纱线编织，部分横列采用较细纱线编织，两者对比之下，粗纱线编织的横列凸出在外，较细纱线编织的横列凹陷在里。

图4-13为采用变化线圈长度来改变织物密度的方法编织，使得凸出部分密度变小、线圈变大，从而形成明显的凸点效果。

（五）两种或两种以上组织复合形成凹凸效果

在基本组织的基础上，采用两种或两种以上的组织复合编织能够形成各种各样的凹凸效果。

图4-11 不同纱线对比编织凹凸组织

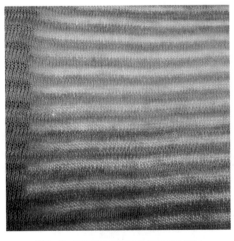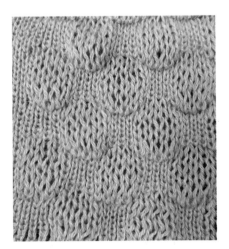

图4-12 不同粗细纱线对比编织凹凸组织　　　　图4-13 不同密度凹凸组织

图4-14为双面的罗纹组织和单面的纬平针组织相复合，双面组织比单面组织厚实，从而形成双面组织凸出在外的凹凸效果。

图4-15（a）为在双反面变化组织的基础上，加入了集圈单元，并采用单色添纱方式进行编织，织物表面凹凸效果明显；图4-15（b）为双反面组织和罗纹组织的复合组织，由于线圈结构不同，罗纹组织单元中正面线圈凸出在外，双反面组织单元中反面线圈凸出在外，形成块状凹凸效果。

图4-14 罗纹纬平针复合凹凸组织

（a）集圈复合 （b）罗纹双反面复合

图4-15 复合凹凸组织

（六）手工装饰等其他方法形成凹凸效果

用横机编织基本组织，在此基本组织基础上对织物进行手工各种装饰，可使织物更加美观，同时也能产生一定的凹凸立体效果。

　　图4-16为在挑花移圈组织的基础上采用手工装饰对织物进行处理，织物表面形成麻绳或直条装饰，凹凸立体感明显。

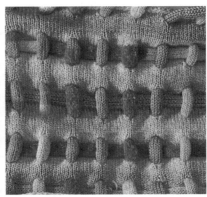

图4-16　手工装饰凹凸组织

三、凹凸效果针织毛衫

　　凹凸花纹具有非常丰富的造型表现力，在针织毛衫设计中应用广泛。

　　图4-17为罗纹和双反面组织组合毛衫，罗纹编织的凹凸纵条纹和双反面编织的凹凸横条纹相结合，形成别具一格的凹凸效果。

　　图4-18毛衫采用双反面、绞花和罗纹等多种组织组合编织而成，形成凹凸横条、纵条和麻花效果等，并采用了流苏的装饰，立体感强。

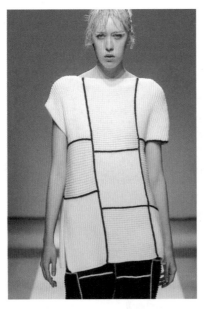

图4-17　罗纹双反面组合毛衫　　　　　图4-18　双反面罗纹绞花组合毛衫

图4-19毛衫采用波纹组织和罗纹组织相结合，形成波纹状凹凸肌理效果。

图4-20毛衫采用双反面、罗纹和集圈的组合编织，形成横竖凹凸条纹和点凸起的结构花纹效应，款式简单，但凹凸肌理效果独特。

图4-21毛衫采用不同颜色的羽毛纱和圈圈纱与普通纱线复合编织，由不同纱线对比编织形成凹凸效果。

图4-19　波纹罗纹组合毛衫　　　图4-20　双反面集圈罗纹组合毛衫　　　图4-21　不同纱线编织毛衫

第二节　镂空效果组织设计

一、镂空效果

织物在编织过程中，某些线圈由于被移开、拉伸、脱掉等，织完下一行后，在原本形成线圈的部分显现出孔洞的效果，采用镂空效果编织的织物或毛衫通透感更强。

二、镂空效果组织设计方法

（一）集圈形成镂空效果

在基本组织的基础上，在需要孔眼的织针上进行集圈，会出现左右对称的细小孔眼，可进行单针、多针集圈，也可进行单列或多列集圈来增加孔眼的大小。

图4-22为集圈镂空组织，采用规律集圈编织，集圈线圈被拉长，在集圈悬弧的作用下，集圈线圈两侧会出现对称的孔眼，形成镂空效果。合理的规律配置集圈单元，可形成各种镂空结构花纹图案。

图4-22　集圈镂空组织

（二）移圈形成镂空效果

按照设计的花纹要求将某些线圈进行移圈，使移圈处纵行中断串套，从而形成孔眼，产生镂空效果。移圈可以在同一针床或不同针床上进行，可以单针移圈，也可以多针移圈，随着移圈方式的变化，形成的孔眼也会有很大不同，通过移圈单元的不同组合可形成丰富美观的镂空图案。

图4-23通过左右两边的多针移圈，形成由孔眼和转移线圈构成的结构花纹图案。

图4-23　移圈镂空组织 I

图4-24在罗纹组织的基础上，进行挑孔移圈和绞花移圈组合编织，既产生了凹凸效果，又产生了镂空效果。

图4-24 移圈镂空组织Ⅱ

（三）抽针浮线形成镂空效果

采用抽针浮线方式形成镂空效果一般和移圈结合使用。在基本组织的基础上将需要进行抽针浮线编织处进行移圈，然后将该织针退出工作位置，使其不参加工作，从而在该处形成浮线，产生浮线镂空效果。浮线的长短一般与移圈的针数相关，但连续移圈针数也不宜过多，否则会因为浮线太长产生漏针。

图4-25为变化浮线长度镂空组织，在需要浮线处，每织一个横列依次移一

图4-25 变化浮线长度镂空组织

针，可以使浮线依次变长，从而形成由浮线构成的独特的结构花纹，并伴有明显的镂空效果。图4-26和图4-27为等长浮线镂空效果，这种组织一般移圈针数较少，形成的浮线也较短。

图4-26　等长浮线镂空组织 I

图4-27　等长浮线镂空组织 II

（四）脱圈形成镂空效果

脱圈法是指在需要形成镂空的地方，让相应部分的线圈脱散，使这些线圈在纵行处中断联系，获得通透感。需要注意的是，线圈脱圈后的位置纱线也会以浮线的形式而存在，和抽针浮线相比，脱圈形成的浮线更长，更松散，镂空效果可以更明显。

图4-28为采用脱圈方式形成整列的浮线，浮线跨过针数较多，浮线长而松，形成非常通透的镂空效果。

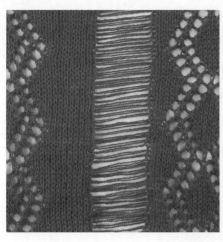

图4-28 脱圈镂空组织

（五）不同纱线和不同线圈大小对比等方法形成镂空效果

采用不同粗细的纱线和不同线圈大小对比编织也可形成镂空效果。图4-29为移圈形成的镂空花纹和不同线圈大小对比编织的镂空组织，和正常线圈相比，线圈大的位置形成了较为明显的镂空效果。图4-30采用不同粗细纱线对比编织的组织，蓝色纱线粗，白色纱线细，对比之下，白色的纱线处比较通透，类似于形成镂空效果。

图4-29 不同线圈大小对比编织镂空组织　　　　图4-30 不同粗细纱线对比编织镂空组织

三、镂空效果针织毛衫

镂空效果可使毛衫具有一定的通透感，通过镂空图案在针织毛衫上的运用，能够很好地体现优雅、含蓄又性感的风格。在毛衫设计中，通过多种工艺方法和手段形成不同的镂空效果，这是机织面料服装所无法比拟的。

图4-31和图4-32均为通过规律移圈形成孔眼，产生镂空效果的毛衫，配上内搭胸衣，更显性感。所不同的是，前者采用的是双针移圈，同一横列相邻两个线圈同时分别向左右移圈；后者采用的是单针移圈，因此前者形成的孔眼比后者要来得大。

图4-33为采用浮线镂空毛衫，内里搭配白色长裙，浮线处可见若隐若现内搭白裙肌理，形成色彩上的对比。

图4-34采用移圈孔眼镂空和浮线镂空相结合，并加入了绞花花型，浮线长而松散，体现随意、复古的毛衫风格。

图4-31 挑孔镂空 图4-32 挑孔镂空毛衫Ⅱ 图4-33 浮线镂空毛衫 图4-34 移圈浮线镂空毛衫
毛衫Ⅰ

第三节　图案效果组织设计

一、图案效果

图案效果指的是通过不同色彩纱线的搭配，结合一定的编织工艺在针织物表面形成一定的花色图案效应。图案种类繁多，形成工艺方法也多种多样，如绣、绘、印、染、拼等多种手段也能形成图案效果，这里主要是结合编织工艺的变化和色彩的搭配进行介绍。

二、图案效果组织设计方法

（一）提花形成图案效果

将不同颜色纱线按花纹要求在所选择的某些织针上垫放进行编织成圈的组织称为提花组织。提花组织种类繁多，可根据花型图案进行合理选择。例如，单面提花织物因织物背面会出现浮线，图案不宜太大，否则长浮线会影响服用；双面提花织物由于色纱数会影响正反面线圈横列数从而影响图案造型，因此在编织前要对图案做适当处理，且色纱数不宜太大；空气层提花织物两面均会形成图案效果，适用于两面穿毛衫等。提花组织色彩多变，花型逼真，纹路清晰，是针织毛衫进行图案效果设计的常用组织，为毛衫设计提供了广阔的设计空间。

图4-35为单面提花组织，通过不同纱线的搭配编织形成花色图案效果，其特点为图案花型小，反面会有浮线存在。

图4-35　单面提花图案效果

图4-36为两色空气层提花组织，粉白两种色纱搭配编织，在织物两面分别形成不同颜色的相同螃蟹图案效果。

图4-37为露底提花组织，部分线圈双面编织，部分线圈单面编织，不仅形成菱形图案色彩效果，还可形成凹凸浮雕效果。

（a）正面　　　　　　　　（b）反面

图4-36　空气层提花图案效果

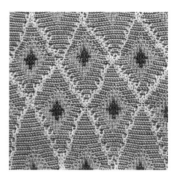

图4-37　露底提花图案效果

（二）嵌花形成图案效果

嵌花组织即单面无浮线织物，通过集圈单元把色块拼接在一起，和单面提花组织相比，织物更轻薄，布面更平整，具有无浮线、重量轻、配色多等优点，越来越受到毛衫设计师的青睐。

图4-38为由色块拼接在一起形成的嵌花组织，织物较双面提花组织轻薄得多，反面无浮线。

图4-38　嵌花图案效果

为了实现花型图案与轻薄服用性能的结合，可采用嵌花和提花相结合，在单面组织的基础上形成部分的双面提花图案，称为嵌花提花组织。如图4-39所示，在单面纬平针的基础上，通过嵌花提花形成双面小熊图案，解决了单独嵌花编织导纱器过多的问题，也避免了单面提花编织浮线过长的问题。织物整体比较轻薄，且图案花型不受限制，在毛衫上应用越来越广泛。

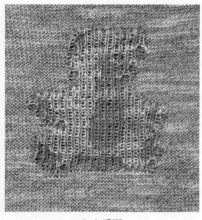

（a）正面　　　　　　　　　　　（b）反面

图4-39　嵌花提花图案效果

（三）集圈形成图案效果

利用集圈悬弧不在织物正面显露的特性，合理配置集圈结构单元和成圈线圈单元，并采用不同色纱搭配编织可形成花纹图案效果。图4-40为集圈图案效果织物，白蓝两种颜色纱线规律地进行成圈和集圈编织，白色纱线和蓝色纱线编织的集圈悬弧均显露在反面，成圈线圈显露在正面，从而形成白色和蓝色交替的纵条色彩图案效果。

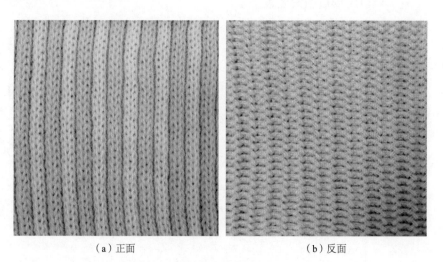

（a）正面　　　　　　　　　　　（b）反面

图4-40　集圈图案效果

（四）添纱形成图案效果

采用单色添纱方式，两种颜色纱线分别显示为正面线圈和反面线圈的特性可形成独特的花色图案效果。

图4-41为添纱图案效果织物，在双反面变化组织基础上，配置了集圈单元，并采用单色添纱工艺编织，织物具有明显的凹凸立体效果，且织物两面分别形成了菱形和曲折状图案效果。

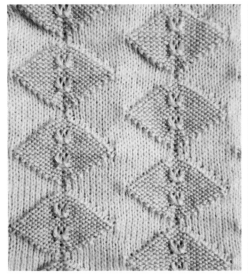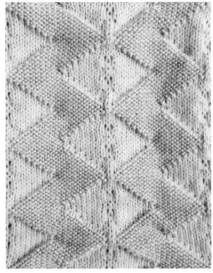

（a）正面　　　　　　　　　　　　（b）反面

图4-41　添纱图案效果

（五）双罗纹形成图案效果

双罗纹组织是由两个罗纹复合而成的组织。在编织过程中，按一定规律喂入不同颜色纱线可形成纵条、方格等图案效果。

图4-42为双罗纹图案效果织物，采用白色和红色纱线轮流进行罗纹编织，在织物两面均形成了白红相间的

图4-42　双罗纹图案效果

纵条色彩效果，且红色线圈和白色线圈相差半个圈高，织物平整，较单罗纹组织厚实得多。

（六）变换纱线颜色形成图案效果

变换纱线颜色形成横条纹图案效果是针织毛衫中应用最为广泛的，且可以在任何地组织的基础上来实现。织物地组织不同，形成的横条纹效果也会稍有不同，横条纹的宽度随同种色纱编织的横列数而变化。

图4-43为纬平针横条纹图案效果织物，在纬平针的基础上更换纱线颜色进行编织，得到不同宽度的横条纹效果。

图4-44为罗纹横条纹图案效果织物，在1+1罗纹组织基础上采用不同颜色和不同种类的纱线进行编织，形成了锯齿状的凹凸横条纹效果。

图4-45（a）地组织由纬平针、罗纹和挑孔移圈等多种组织复合而成，并由多种色纱交替编织形成宽窄不一的横条纹效果。以纬平针为地组织的横条纹上下两边平齐，以罗纹为地组织的横条纹上下两边呈锯齿状，以挑孔移圈组织为地组织的横条纹有镂空效果。图4-45（b）以双反面为地组织，配合多种色纱编织，形成凹凸效果明显的横条纹。

图4-43 纬平针横条纹图案效果

图4-44 罗纹横条纹图案效果

（a）纬平针罗纹挑孔

（b）双反面

图4-45 多种色彩横条纹图案效果

115

三、图案应用实例

花纹图案的设计对针织毛衫的风格极为重要，且不同的图案赋予不同的文化内涵，体现不同的毛衫风格。

图4-46为罗纹横条纹毛衫，锯齿状的横条效果，古板中透着活泼，款式简单，黑白颜色搭配设计，属于经典风格毛衫。

图4-47为提花横条纹毛衫，采用双面提花编织而成，横条图案和其他图案相搭配，厚实而平整，整件毛衫外套看上去非常挺括。

图4-46　罗纹横条纹毛衫　　　　　　　　图4-47　提花横条纹毛衫

图4-48为采用多种颜色纱线编织的横条纹吊带毛衫裙，条纹粗细不一，产生变化和律动的效果，时尚而内敛。

图4-49为两色空气层提花女裙，在裙子的两面形成不同颜色的相同花纹图案，适合用作外套。

图4-50为提花女童毛衫，通过双面提花工艺编织，形成小兔等卡通图案，使得童装毛衫更加可爱，富有童趣。

图4-51为提花男童毛衫，几何图案和艳丽的色彩搭配，再加上流苏的装饰，更显时尚。

图4-52和图4-53分别为嵌花毛衫和嵌花毛衫裙，均采用嵌花工艺形成了简单的几何图案，改变了单色毛衫的单调感，整体款式简约大方。

图4-48 横条纹吊带毛衫裙

图4-49 空气层提花女裙

图4-50 提花女童毛衫

图4-51 提花男童毛衫

图4-52 嵌花毛衫

图4-53 嵌花毛衫裙

第四节　其他效果设计

一、卷边效果

卷边性是针织物的主要特性之一，尤其对于单面针织物而言，卷边性是其组织结构所特有的。卷边性对针织毛衫的设计造成了一定的影响，如单面组织不能用于毛衫边缘组织，否则会造成尺寸的差异、影响服用等。但在不少毛衫中可以发现，很多毛衫设计师利用单面针织物的卷边性将其用在一些部位的装饰，效果独特。图4-54为开口凸条卷边织物。

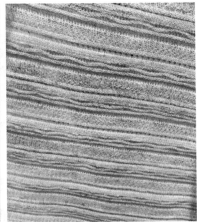

图4-54　开口凸条卷边织物

二、波浪效果

波浪效果组织的应用是针织毛衫表现浪漫甜美的重要手段，常用于毛衫的花边组织，也可缝缀在织物表面作装饰。在毛衫设计中，畦编组织和半畦编组织是最常见的花边组织，由于同样针数的畦编和半畦编组织在宽度上远远大于平针和罗纹组织等，因此将其和平针或罗纹等组织组合使用即可形成荷叶边状。但面料相对较厚实，缺乏轻盈飘逸感。

图4-55毛衫在腰部、袖口和侧边等部位采用波浪边编织，不仅起到装饰效果，同时也起到了分割线的作用，使整件毛衫富有流动感和设计感。

图4-56毛衫在衣身和袖子部分采用罗纹编织使得这两部分比较贴体，在领口和袖口部分采用集圈编织形成扩张的波浪边效果，使得整体更显独特。

图4-57在领口、袖窿处和袖口部分进行大波浪边装饰，使毛衫更加彰显女性柔美和活泼。

图4-55 波浪毛衫Ⅰ

图4-56 波浪毛衫Ⅱ

图4-57 波浪毛衫Ⅲ

第五节 组织设计实例分析

通过各种工艺的组合、纱线的搭配等可以编织出千变万化的毛衫组织结构，而掌握毛衫各类组织的编织工艺原理和组织特性是进行组织结构创新设计的基础和关键。本节将以实例分析的方式，对织物的结构特点和工艺进行分析。

一、提花凹凸织物

图4-58为提花凹凸织物，黄色纱线在后针床进行反面线圈横列编织，白色纱线在前针床进行正面线圈和浮线编织，黄色提花线圈在白色纱线浮线编织处抽紧相连，形成类似于六边形的凹凸图案效果。

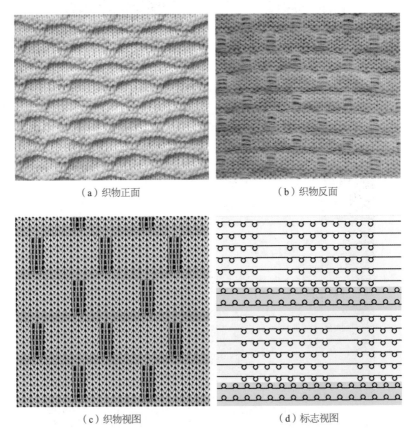

（a）织物正面　　　　　　　　　　（b）织物反面

（c）织物视图　　　　　　　　　　（d）标志视图

图4-58　提花凹凸织物

二、卷边织物

图4-59为卷边织物,在白色纱线编织的地组织上,用粉色纱线进行开口凸条的编织,并在开口凸条编织的起始行几个点处用罗纹编织使其和地组织相连,形成独特的卷边效果。

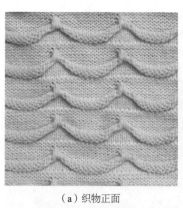
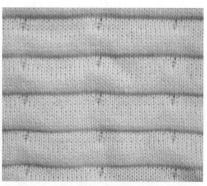

（a）织物正面 　　　　　　　　　　（b）织物反面

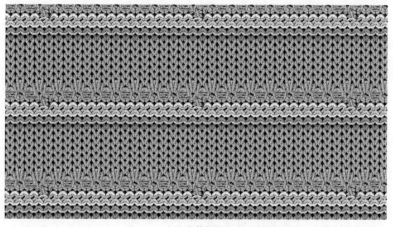

（c）织物视图

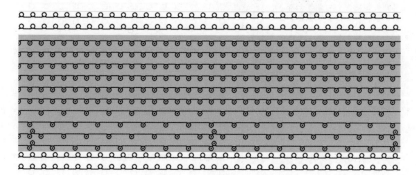

（d）标志视图

图4-59　卷边织物

三、提花闭口凸条织物

图4-60为提花闭口凸条织物，在单面纬平针组织基础上，先编织一个横列满针罗纹，然后用不同颜色纱线由前针床织针进行单面成圈和浮线编织，后针床织针不工作，色纱浮线编织处由白色罗纹线圈相连并覆盖浮线，最后以满针罗纹编织连接前后针床线圈，形成色彩交错的凹凸闭口凸条。

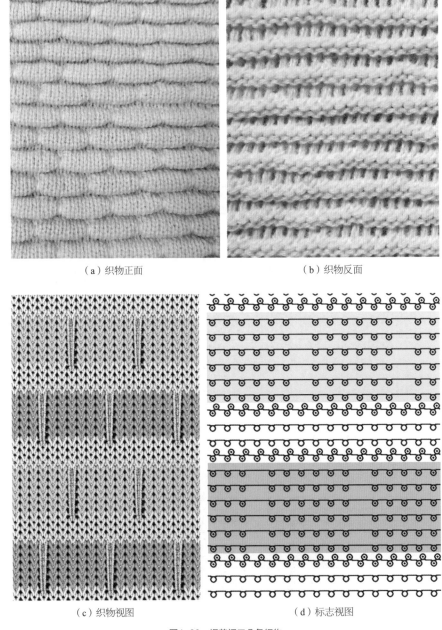

（a）织物正面　　　　　　　　　　（b）织物反面

（c）织物视图　　　　　　　　　　（d）标志视图

图4-60　提花闭口凸条织物

四、双反面罗纹凹凸织物

图4-61为双反面罗纹凹凸组织的复合织物，在7+4罗纹组织的基础上再进行4+2双反面结构单元的编织，并且采用灰蓝两种颜色交替编织，在织物正面形成了双反面反面线圈在最上层、罗纹正面线圈（双反面正面线圈）在中间层、罗纹反面线圈在最里层的三层凹凸横条纹结构；织物反面呈现扭转的纵条纹。

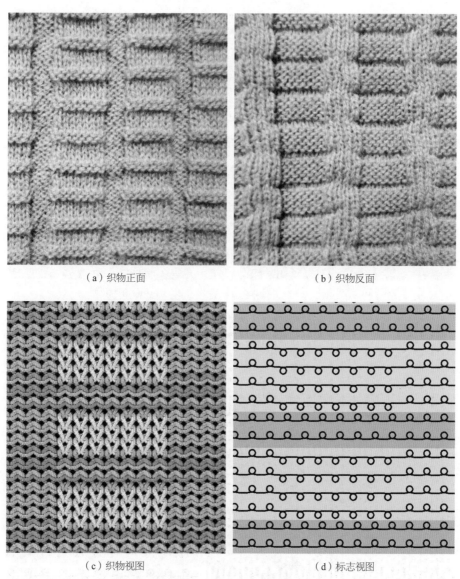

（a）织物正面　　　　　　　　　　　（b）织物反面

（c）织物视图　　　　　　　　　　　（d）标志视图

图4-61　双反面罗纹凹凸织物

五、绞花移圈织物

图4-62为绞花移圈织物，在一个最小完全组织内，采用3×2右绞绞花和左绞绞花上下组合，在绞花之上用黄色纱线进行一个横列的满针罗纹编织，并马上脱圈从而形成一个横列的放大单面线圈，形成不同线圈大小的对比。

（a）织物正面

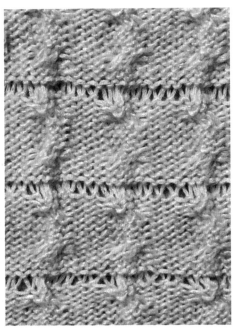

（b）织物反面

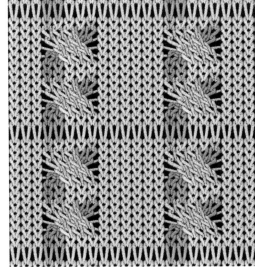

（c）织物视图

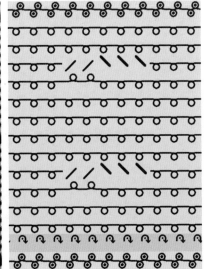

（d）标志视图

图4-62 绞花移圈织物

六、多针移圈孔眼织物

图4-63为多针移圈孔眼织物，在5+2罗纹组织基础上进行单针和双针对称移圈，反面线圈纵行往里凹进，正面线圈纵行往外凸出，并伴有移圈形成的孔眼和倾斜线圈，立体效果更为明显。

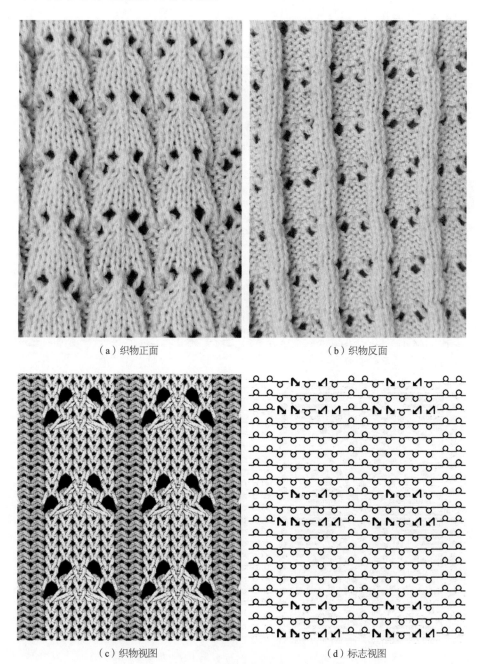

(a)织物正面　　　　　　　　　　　(b)织物反面

(c)织物视图　　　　　　　　　　　(d)标志视图

图4-63　多针移圈孔眼织物

七、浮线镂空织物

图4-64为浮线镂空织物，采用隔行移圈挑孔形成长度不断变化的浮线，与单针移圈的孔眼效果相结合，形成镂空效果。由于最长浮线处长达八针，再加上移圈较多，编织时非常容易漏针。因此，在设计此类组织时要注意浮线的长度，不宜太长。

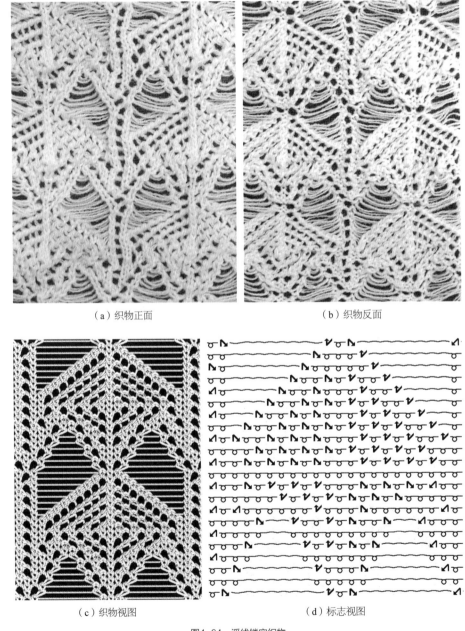

（a）织物正面　　　　　　　　　　（b）织物反面

（c）织物视图　　　　　　　　　　（d）标志视图

图4-64　浮线镂空织物

八、组合提花织物

图4-65为组合两色提花织物，蓝色和白色区域采用相同大小单元进行编织，其区域单元均为十二横列和十二纵行。蓝色部分采用双面芝麻点提花，白色部分采用双面横条提花，因其提花反面组织不同，形成的反面线圈横列数不同，从而形成的实际方格大小也不同。相比较而言，白色部分因采用横条提花反面线圈横列数比蓝色部分要多一倍，所以纵向区域面积相对变大，蓝色区域看上去相对较小。

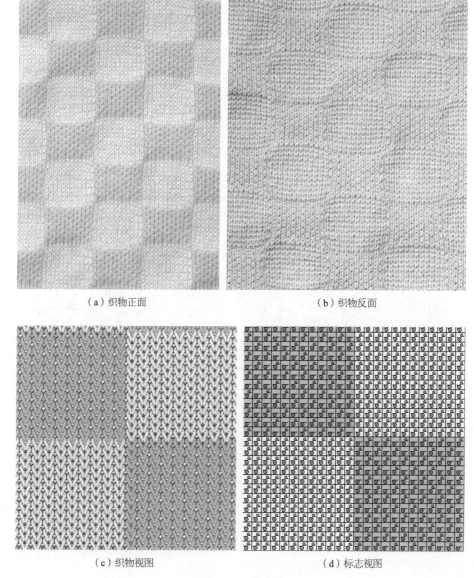

（a）织物正面	（b）织物反面
（c）织物视图	（d）标志视图

图4-65 组合提花织物

九、罗纹纬平针复合织物

图4-66是放大的纬平针线圈和2×1罗纹的复合织物，先编织7行满针罗纹，然后把后针床线圈全部脱圈，使双面罗纹线圈变成放大的单面纬平针线圈，接着通过移圈把织针排列变为2×1罗纹，编织7行后把所有后针床线圈翻到前针床，形成一个最小的完全组织。在没有外力作用下，2×1罗纹组织部分横向收缩，放大的纬平针组织部分横向尺寸变大，两者组合织物形成明显的褶皱效果。

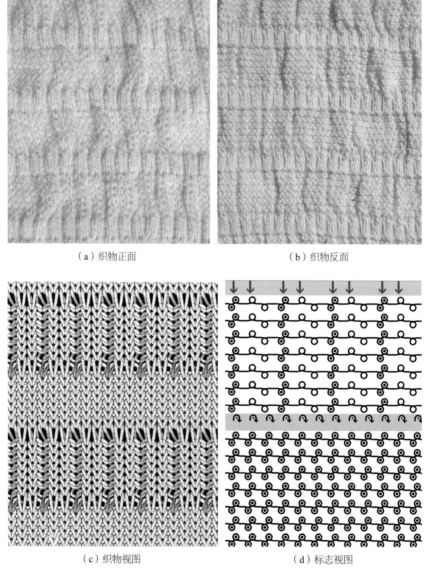

（a）织物正面　　　　　　　　　　　　（b）织物反面

（c）织物视图　　　　　　　　　　　　（d）标志视图

图4-66　罗纹纬平针复合织物

十、绞花浮线镂空织物

图4-67为绞花浮线镂空织物，在纬平针组织的基础上，以三列纬平针纵行为中心，两边采用连续的右绞2×2绞花编织，各隔两列纬平针纵行后，每行依次向左移圈一针，移圈后织针不参加编织而形成浮线，向左移圈四次后编织6行，再把织针向右移4次再编织6行，形成一个最小的完全组织。转移的浮线形成曲线状的浮线镂空效果，和绞花移圈的麻花效应相得益彰。

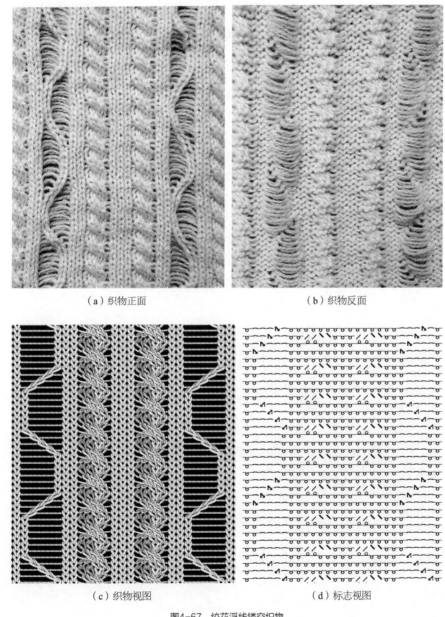

（a）织物正面　　　　　　　　　　　（b）织物反面

（c）织物视图　　　　　　　　　　　（d）标志视图

图4-67　绞花浮线镂空织物

129

十一、单面浮线提花织物

图4-68为单面浮线提花织物，改变了浮线在织物反面显露的特性，通过翻针把浮线展现在织物正面，两种颜色纱线轮流进行浮线和集圈编织，织物正面形成交错的浮线，具有独特的装饰效果，反面则全部显示为反面圈弧，形成蓝灰交错的纵条纹。

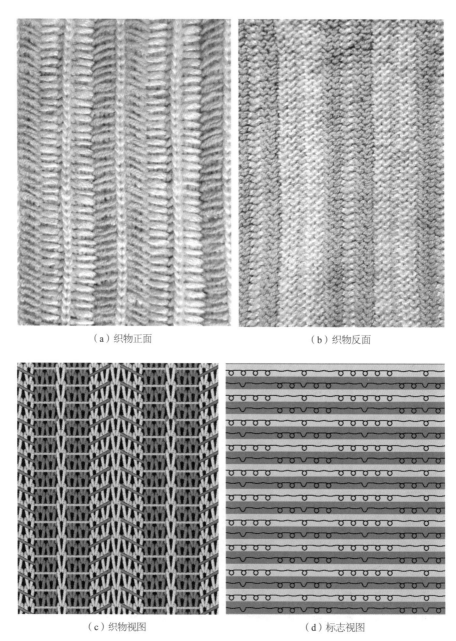

（a）织物正面　　　　　　　　　　　（b）织物反面

（c）织物视图　　　　　　　　　　　（d）标志视图

图4-68　单面浮线提花织物

十二、双面浮线提花织物

图4-69为双面浮线提花织物，白色和粉色纱线交替喂入，在双反面变化组织的基础上加入浮线编织，织物两面分别形成白色和粉色浮线，整体呈现反面线圈凸出在外的凹凸效应。

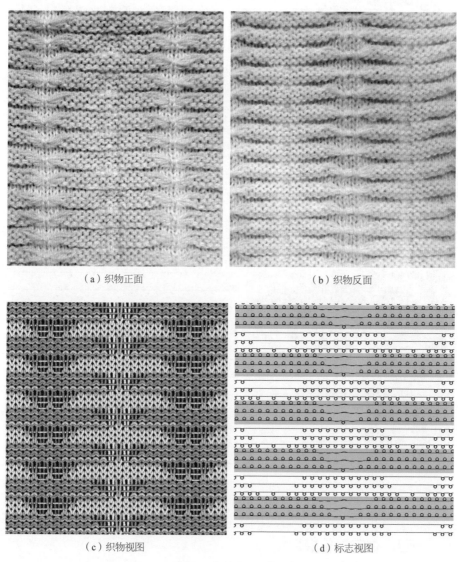

（a）织物正面　　　　　　　　　　　　　（b）织物反面

（c）织物视图　　　　　　　　　　　　　（d）标志视图

图4-69　双面浮线提花织物

十三、嵌花提花织物

图4-70为嵌花提花织物，在白色单面组织的基础上，图案部分采用双面提

花编织。该组织采用单双面组织相结合，仅用两把导纱器即可编织，编织速度快，织物整体比较单薄。

（a）织物正面

（b）织物反面

（c）织物视图

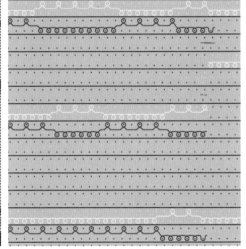

（d）工艺视图

图4-70　嵌花提花织物

十四、露底提花织物

图4-71为露底提花织物，部分位置双面编织，部分位置单面编织，形成单双面结合的浮雕图案效果。

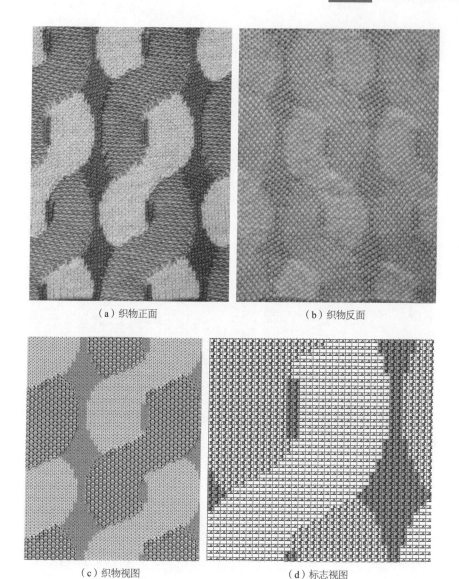

（a）织物正面　　　　　　　　　　　　　　（b）织物反面

（c）织物视图　　　　　　　　　　　　　　（d）标志视图

图4-71　露底提花织物

十五、凸条罗纹复合织物

图4-72为凸条罗纹复合织物，在单面纬平针组织的基础上，爱心图案处采用满针罗纹编织，上下加入对称曲折闭口凸条编织，在织物表面形成明显的凹凸效果。

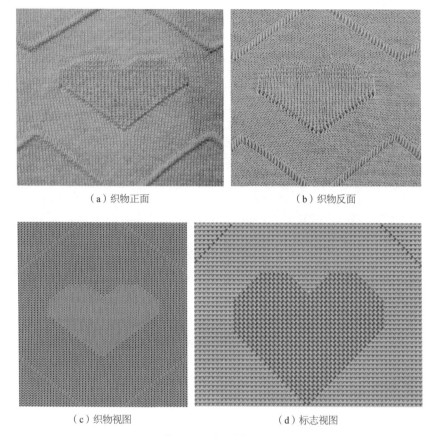

（a）织物正面　　　　　　　　　　　（b）织物反面

（c）织物视图　　　　　　　　　　　（d）标志视图

图4-72　凸条罗纹复合织物

十六、绞花挑孔移圈织物

图4-73为绞花挑孔移圈织物，在罗纹组织的基础上加入了2×2对称绞花和对称的单针挑孔移圈，由于挑孔移圈往外向两边转移，因此横向尺寸扩张，相对而言绞花处尺寸变小，从而在织物表面形成曲折的罗纹纵条纹。

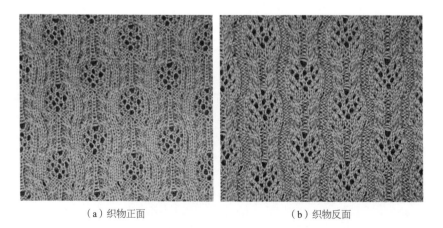

（a）织物正面　　　　　　　　　　　（b）织物反面

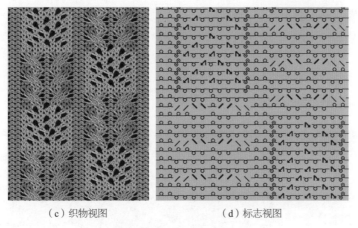

（c）织物视图　　　　　　　（d）标志视图

图4-73　绞花挑孔移圈织物

十七、复合移圈镂空织物

图4-74为复合移圈镂空织物，采用多针移圈、单针移圈、浮线相结合形成多样的镂空花纹图案，并用正反线圈对比使织物呈现凹凸立体效果。

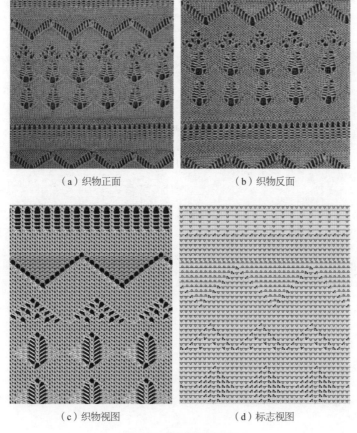

（a）织物正面　　　　　　　（b）织物反面

（c）织物视图　　　　　　　（d）标志视图

图4-74　复合移圈镂空织物

十八、开口凸条凹凸织物

图4-75为开口凸条凹凸织物，虽编织的为横条开口凸条，但因为在开口横凸条的上方进行对称的三角形多针移圈编织，由于移圈方向不同，使得和移圈线圈相连的横开口凸条变成了曲线状。

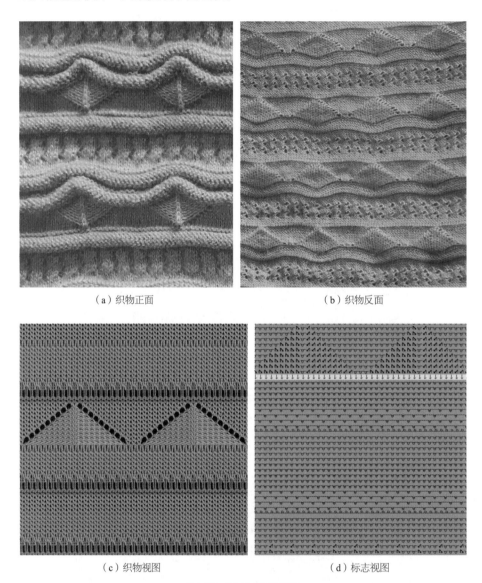

（a）织物正面　　　　　　　　　　　（b）织物反面

（c）织物视图　　　　　　　　　　　（d）标志视图

图4-75　开口凸条凹凸织物

十九、三角形移圈织物

图4-76为三角形移圈织物，织物设计时采用三角形分区域编织，从左

到右分别进行正面线圈、多针移圈、正面线圈和反面线圈的编织，上下对称，由于多针移圈的作用使上下线圈发生扭转，形成了扭曲的曲线凹凸镂空效果。

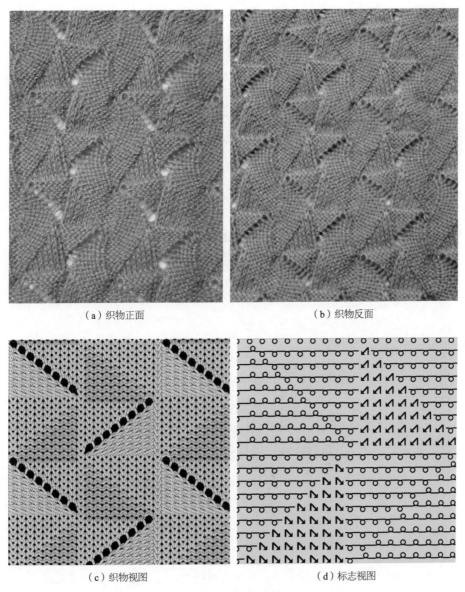

（a）织物正面　　　　　　　　　（b）织物反面

（c）织物视图　　　　　　　　　（d）标志视图

图4-76　三角形移圈织物

二十、集圈褶皱织物

图4-77为集圈褶皱织物，在满针罗纹的基础上，中间三枚织针前针床进行集圈，后针床成圈，连续编织四行后再整行进行满针罗纹编织，使得前面四行

编织的集圈线圈脱圈，形成一个最小循环单元。由于连续集圈使得集圈的三个纵行纵向尺寸收缩，而满针罗纹编织的纵行纵向尺寸变长，两者长度差异较大，从而在满针罗纹纵行处形成非常明显的褶皱，并在织物边缘形成扇贝边效果。一般情况下，连续集圈次数越多，褶皱就越明显。

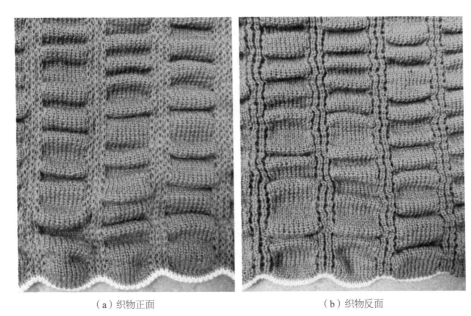

（a）织物正面	（b）织物反面
（c）织物视图	（d）标志视图

图4-77　集圈褶皱织物

二十一、菱形多针移圈织物

图4-78为菱形多针移圈织物，在纬平针组织的基础上进行多针移圈，中间一列织针不移圈作为中心列，下方区域左边向左依次进行七针七列三角形状的移圈，右边向右进行七针七列三角形状的移圈；上方区域同样进行三角形状的移圈，但移圈方向正好和下方相反，从而形成一个最小的循环。织物正面形成连续的菱形效果，背面则出现类似葡萄状的凸起，凹凸效果非常明显。

（a）织物正面　　　　　　　　　（b）织物反面

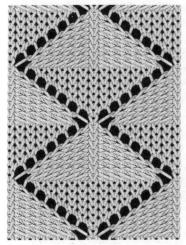

（c）织物视图　　　　　　　　　（d）标志视图

图4-78　菱形多针移圈织物

二十二、斜菱形多针移圈织物

图4-79为斜菱形多针移圈织物，以纬平针组织为地组织，下方采用向右的三角形状的多针移圈，上方采用向左的三角形状多针移圈，最右边一个纵行进行反面线圈编织形成一个最小的循环。织物正面形成连续的菱形图案，菱形边缘因线圈转移而扭曲，同时呈现镂空效果，织物反面则因为一个纵行反面线圈编织以及移圈造成的线圈转移出现折线效果，花型具有特色。

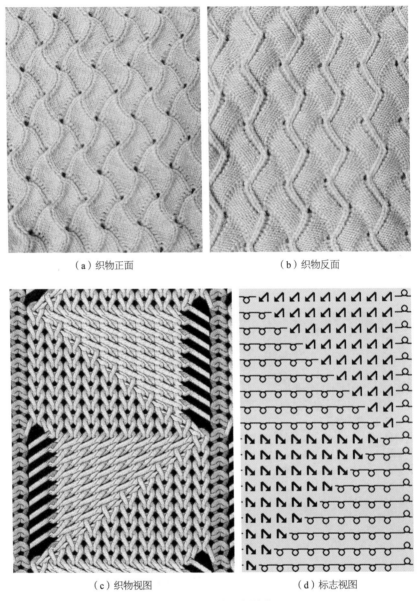

（a）织物正面 　　　　　　　　　　（b）织物反面

（c）织物视图 　　　　　　　　　　（d）标志视图

图4-79　斜菱形多针移圈织物

二十三、曲线多针移圈织物

图4-80为曲线多针移圈织物，在纬平针组织的基础上直接用多针移圈画出菱形的图案轮廓，上下均留两针不封口，形成一个最小的循环。织物正面由于多针移圈形成凸起的对称曲线条纹，内部呈现菱形团效果，织物反面移圈部分的线圈往里凹进，平针编织部分的线圈往外凸出，形成连续的凹凸菱形肌理外观，凹凸感十分明显。

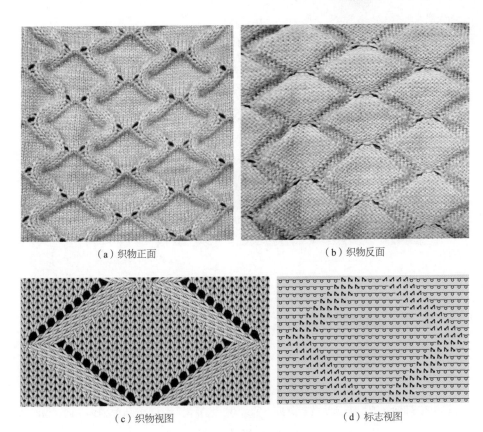

（a）织物正面　　　　　　　　　　（b）织物反面

（c）织物视图　　　　　　　　　　（d）标志视图

图4-80　曲线多针移圈织物

二十四、孔眼菱形多针移圈织物

图4-81为孔眼菱形多针移圈织物，移圈设计时并没有直接画出菱形结构，而是选定中间一行和一列线圈不移圈采用纬平针正面线圈编织，在其四周采用直角梯形状多针移圈编织，左右对称形成一个最小的循环。在织物正面，正面线圈编织列凸出在织物表面，其余移圈线圈向它聚拢并往里凹陷，产生边缘有孔洞的菱形图案，织物反面则因为线圈的转移出现特别明显的凸起效果。

（a）织物正面　　　　　　　　　　（b）织物反面

图4-81

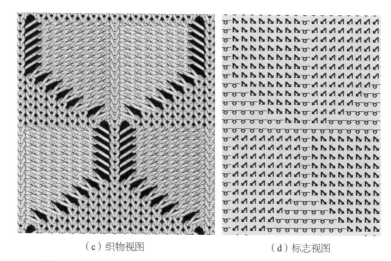

（c）织物视图　　　　　　　　（d）标志视图

图4-81　孔眼菱形多针移圈织物

二十五、圆形多针移圈织物

图4-82为圆形多针移圈织物，选定一列线圈进行纬平针正面线圈的编织，以此列为中心中间区域进行菱形状多针移圈，其余四个角均进行三角状多针移圈，上下和左右移圈方向均相反，形成一个最小的循环。织物正面形成以纬平针正面线圈为中心轴的连续的圆形效果，织物反面形成类似于扇贝状的凹凸肌理。

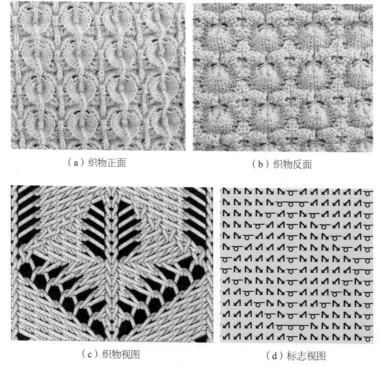

（a）织物正面　　　　　　　　（b）织物反面

（c）织物视图　　　　　　　　（d）标志视图

图4-82　圆形多针移圈织物

二十六、波浪纹多针移圈织物

图4-83为波浪纹多针移圈织物，前针床编织两行纬平针后，再翻到后针床编织两行纬平针，然后在前针床纬平针组织的基础上以中间列为中心，两边进行三角形状的对称多针移圈，形成最小的循环。织物正面因为多针移圈使线圈发生偏移，且正反线圈横列对比形成凸起波浪形条纹，同时呈现镂空效果花型，同样织物反面也出现了明显的波浪条纹和孔眼效果。

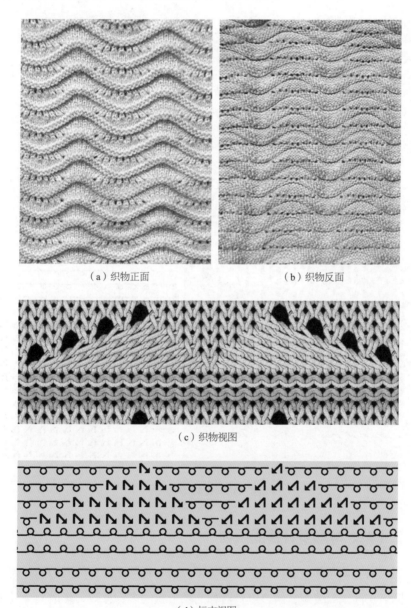

（a）织物正面　　　　　　　　　（b）织物反面

（c）织物视图

（d）标志视图

图4-83　波浪纹多针移圈织物

二十七、斜线多针移圈织物

图4-84为斜线多针移圈织物，在单面组织上进行向右的多针移圈，形成同一方向上三角形状的移圈后，最右边和最上面各留一行和一列为正面线圈单面编织，形成一个最小的循环。织物两面均呈现斜向的波浪镂空条纹，同时因为同一方向的移圈使整个织片形成偏移。

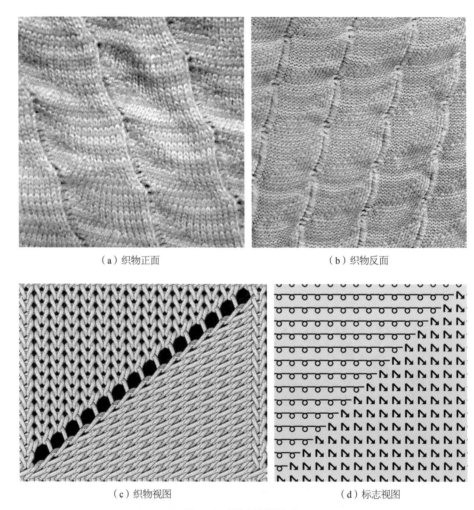

（a）织物正面 （b）织物反面

（c）织物视图 （d）标志视图

图4-84　斜线多针移圈织物

二十八、伞形多针移圈织物

图4-85为伞形多针移圈织物，最下面先织一行纬平针，然后中间一列织针不移圈以正面线圈编织，两边进行对称的梯形状的多针移圈，形成一个最小的循环。由于两边线圈均向中间一列线圈移圈靠拢，导致此列线圈凸起明显，织

物正面呈现由孔眼形成的伞形效果，织物反面则呈现凸出的箭头状图案，具有显著的凹凸立体效果。

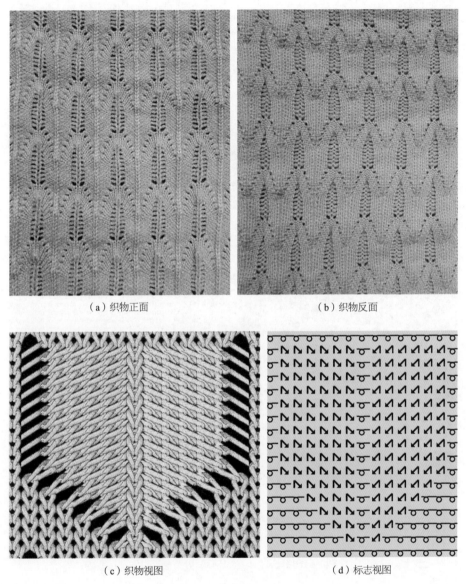

（a）织物正面　　　　　　　　　　　　（b）织物反面

（c）织物视图　　　　　　　　　　　　（d）标志视图

图4-85　伞形多针移圈织物

二十九、X形多针移圈织物

图4-86为X形多针移圈织物，在纬平针组织的基础上进行移圈，并采用交叉形多针移圈设计，形成一个最小的循环。织物正面形成连续的X形线条效果，反面则呈现类似鱼鳞状的交叉凸起，且整个织片因为多针移圈产生纵向收缩。

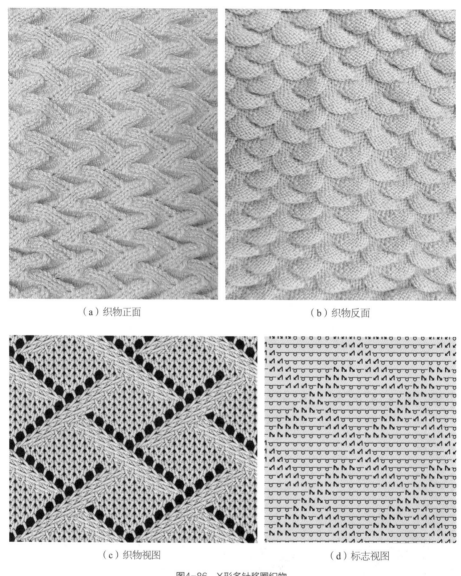

(a)织物正面   (b)织物反面

(c)织物视图   (d)标志视图

图4-86 X形多针移圈织物

三十、集圈多针移圈织物

图4-87为集圈多针移圈织物。该组织结合了集圈和多针移圈设计，在单面组织的基础上进行移圈，形成同一方向上三角形状的移圈后再隔一针进行反方向的三角形状移圈，剩余织针有规律地编织纬平针和集圈，组成一个最小的循环。织物正面形成连续的扭转凹凸效果，由于前针床集圈的存在放大了镂空处的孔眼，孔眼效果更加明显，织物反面同样也能明显看见孔洞，且集圈线圈和多针移圈形成的转移线圈使织片产生明显的波浪形边缘。

（a）织物正面　　　　　　　　　　（b）织物反面

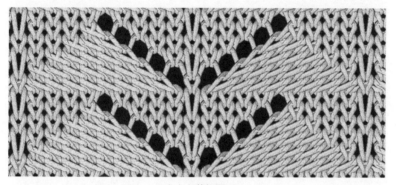

（c）织物视图

（d）标志视图

图4-87　集圈多针移圈织物

 思 考与练习

1. 凹凸效果组织设计的方法有哪几种并举例？

2. 镂空效果组织设计的方法有哪几种并举例？

3. 图案效果组织设计的方法有哪几种并举例？

4. 波浪效果组织设计的方法有哪几种并举例？

参考文献

[1] 孟家光. 羊毛衫设计与生产工艺 [M]. 北京:中国纺织出版社,2006.

[2] 郭凤芝. 电脑横机的使用与产品设计 [M]. 北京:中国纺织出版社,2009.

[3] 沈雷. 针织毛衫组织设计 [M]. 上海:东华大学出版社,2009.

[4] 闵悦,李琴,钟诚. 针织毛纱设计与工艺 [M]. 北京:北京理工大学出版社,2010.

[5] 李华,张伍连 . 羊毛衫生产实际操作 [M]. 北京:中国纺织出版社,2010.

[6] 徐艳华,袁新林. 羊毛衫设计与生产实训教程 [M]. 北京:中国纺织出版社,
2011.

[7] 丁钟复. 羊毛衫生产工艺 [M]. 北京:中国纺织出版社,2012.

[8] 宋广礼. 电脑横机实用手册 [M]. 北京:中国纺织出版社,2013.

[9] 姜晓慧,王智. 电脑横机花型设计实用手册 [M]. 北京:中国纺织出版社,2014.

[10] 周建. 羊毛衫生产工艺与设计 [M]. 北京:中国纺织出版社,2017.